카페
세상의 커피·음료
그리고 디저트

Signature

메뉴

101

메뉴 **신송이**

수작 걸다

How to make the signature menu?

요즘 '시그니처signature'라는 말을 많이 씁니다. 사인, 서명, 특징 등의 사전적 의미로 시작해 지금은 '이름을 걸고 내세울 수 있는 그 무엇'으로 브랜드나 메뉴, 서비스 등 분야를 넘나들며 사용되고 있습니다. 음식점이나 카페도 예외가 아닙니다. 각자의 공간을 대표하는 메뉴가 한두 가지씩 있고 일반적인 메뉴보다 더 신경을 쓰기에 찾는 사람도 많습니다.

그렇다면 시그니처 메뉴는 어떻게 만들어질까요? 우선 같은 메뉴라도 남과 다른 무언가가 필요합니다. 직접 만든 수제시럽을 활용해 기존의 맛에서 더 쌉쌀하게, 더 진하게, 더 달게 한 끗 차이로 확연한 맛의 차이를 만들어내지요. 또는 색다른 조합으로 유니크한 메뉴를 만들기도 합니다. 세 가지 이상의 재료를 섞어 베리에이션하면 새로운 맛을 창조할 수 있는데 커피와 과일, 차와 주스, 음료와 쿠키 등 생각지 못한 조합으로 독창적인 메뉴가 탄생됩니다. 최근에는 어릴 적 맛보았거나 기존에 있었던 메뉴들이 새로운 모습으로 등장 중입니다. 세련됨과 특별함을 더해 컨템포러리 레트로를 구현하고 있습니다.

당신이 가장 좋아하는 시그니처 메뉴는 무엇인가요? 나만의 시그니처 메뉴를 찾는 일은 자신의 '취향'을 알아가는 과정이기도 합니다. 속속 등장하는 수많은 카페의 시그니처 메뉴에서 그 답을 찾아보세요. 여기 커피부터 차, 음료, 디저트에 이르기까지 총 101가지의 카페 시그니처 메뉴를 책 속에 담았습니다. 누구나 쉽게 만들어 볼 수 있도록 레시피로 옮겼습니다. 당신의 시그니처 메뉴를 찾아보세요.

TEA & HERB-TEA

BEVERAGE

DESSERT

BASE ▷ 샌드위치

BASE ▷ 스콘

BASE ▷ 스프레드&잼

○ 책 속 모든 분량은 1잔 기준입니다.

FLAVOR

아메리카노에 향을 더한 메뉴가 유행입니다. 쓴맛과 신맛 등 맛으로 커피를
분류하던 이전과 달리 최근에는 카카오 향, 견과류 향, 오렌지 향,
베리 향 등 향으로 구별하는 추세입니다.

COLOR

기본적인 라떼에 컬러감을 입힌 메뉴들이 많습니다. 음식에서는 보기 힘든
파란색이 등장하기도 할 만큼 컬러 스펙트럼이 넓습니다. 세련된 음료를
만들고 싶다면 채도보다는 명도에 집중하는 것이 좋습니다.

TASTE

유니크한 식감이 돋보이는 하드한 부재료들이 트렌드입니다. 단맛보다는
신맛이나 쌉쌀한 맛을, 부드러운 맛보다는 진한 맛을 선호하는 경향이
높지요. 소프트하게 흐르는 크림도 인기 요소입니다.

SIGNATURE

COFFEE

카페 시그니처 메뉴의 선두주자는 단연 커피입니다. 매일 마시는
아메리카노에 향과 컬러로 엣지를 주는가 하면 색다른 부재료를
매칭하기도 하지요. 산지별 특징을 강조해 기본에 충실한 커피 본연의
맛에 집중하는 스페셜티도 많아졌습니다. 사이즈는 점점 작아지는
스몰 럭셔리를 추구합니다.

SIGNATURE COFFEE
=BASE+ə

커피 음료를 만들 때 사용되는 베이스 커피는 에스프레소, 더치커피, 드립커피입니다. 원두의 품종과 로스팅 방법이 같더라도 추출법에 따라 커피의 농도뿐만 아니라 맛과 향에도 조금씩 변화가 생깁니다. 이렇게 추출한 에스프레소, 더치커피, 드립커피 고유의 성질을 살려내는 게 커피 시그니처 메뉴의 핵심입니다. 진한 에스프레소는 우유와 섞고, 온도에 영향을 받지 않는 더치커피는 탄산과 섞기 좋습니다. 은은한 향의 핸드드립은 물과 섞는 음료에 어울립니다.

BASE

에스프레소

고압의 증기를 사용하는 이탈리아식 커피 추출법으로 뽑아낸 진한 농도의 커피입니다. 동량의 원두를 사용했을 때 다른 추출법에 비해 결과물의 양이 현저히 적고 맛이 강해 물을 많이 섞는 메뉴나 여러 가지 재료를 혼합하는 베리에이션 메뉴를 만들 때 좋습니다. 진한 에스프레소의 풍미를 내고 싶을 때는 원두의 투입량을 늘려주세요. 에스프레소 추출 시 원두 투입량 대비 추출량을 임의로 늘리면 음료의 밸런스가 깨집니다. 에스프레소머신, 모카포트, 캡슐커피로 추출 가능합니다.

➕ 우유

우유의 맛과 텍스처를 뚫고 커피 본연의 맛과 향을 내기 위해서는 커피의 맛과 향이 진하고 강해야 합니다. 두유나 아몬드 밀크와 섞는 커피 혼합음료에도 에스프레소가 제격입니다.

더치커피

가열된 물이 아닌 찬물을 사용하여 장시간동안 추출한 커피입니다. 일본식 명칭은 더치커피, 미국식 명칭은 콜드블루로 순하고 부드러우며 쓴맛이 적은 게 특징이지요. 장시간 동안 진하게 추출되기 때문에 물을 섞거나 우유를 섞는 메뉴에 적합합니다. 더치커피는 저온보관하면 숙성되어 풍미가 더욱 살아납니다. 베이스 커피로 사용할 때는 반드시 냉장보관한 더치커피를 사용하세요. 온도에 영향을 끼치지 않아 찬 음료에 잘 맞습니다.

➕ 탄산

냉장보관한 더치커피에 차가운 탄산을 섞는 것은 그리 어려울 일이 아닙니다. 바디감과 청량감이 있는 독특한 커피음료를 만들 수 있습니다.

드립커피

분쇄한 원두를 드립장치에 넣고 물을 부어 만든 커피를 드립커피 혹은 필터커피라고 합니다. 물의 양과 온도, 커피의 굵기 등을 자유롭게 조절할 수 있어서 개성이 강한 원두와 잘 어울립니다. 농도는 프렌치프레스로 추출한 커피와 비슷해 아인슈페너 베이스 커피로 즐겨 쓰입니다. 드립커피를 베이스 커피로 사용할 때는 원두의 입자 크기에 신경써야 합니다. 너무 고우면 음료에서 텁텁한 맛이 날 수도 있습니다.

➕ 물

커피의 수용성 성분만을 추출하기 때문에 온전한 커피의 맛과 향을 느끼기에 좋습니다. 아프리카 계열의 산미가 있는 원두를 사용하여 차가운 커피 음료를 만들어보세요.

SIGNATURE COFFEE = BASE
추출하기

커피를 추출하는 방식은 알려진 것 외에도
많습니다. 주로 이탈리아 방식을 따르지만 즐기는
방식에 따라 추출 방법도 달라집니다. 베이스
커피의 기본이라고 할 수 있는 에스프레소도 머신,
모카포트, 캡슐커피 등 여러 방식으로 추출이
가능합니다. 하나씩 그 방법을 익혀봅니다.

BASE 추출하기:
핸드드립

가장 내추럴한 커피 맛을 즐길 수 있는 추출법입니다. 에스프레소용 원두에 비해 굵직하게 갈아진 원두를 사용하세요. 원두 입자가 너무 고우면 미분이 생겨 추출에 어려움이 있고 완성된 음료도 텁텁해질 수 있습니다. 추출 전에 서버와 드리퍼는 뜨거운 물을 부어 예열하고 필터지도 뜨거운 물을 한 번 흘려 린싱합니다. 추출 시 사용하는 물은 경수보다는 연수가 적합하며 물의 온도는 끓여서 한 김 식힌 온도인 85℃ 정도가 좋습니다. 산미가 돋보이는 원두와 특히 잘 맞습니다.

1 굵게 분쇄한 원두 15g을 준비합니다.

2 서버 위에 드리퍼를 올리고 뜨거운 물로 린싱합니다.

3 필터지를 접어 넣고 다시 한 번 린싱합니다.

4 ③에 원두를 넣고 평평하게 펴줍니다.

5 85℃의 물을 주전자에 넣어 원두를 적셔줄 정도로 붓습니다.

6 표면이 부풀고 중간이 갈라지면 가운데부터 나선을 그리며 물을 붓습니다. 3~4차 반복합니다.

7 준비한 잔에 따라 커피를 즐깁니다.

BASE 추출하기:
에스프레소

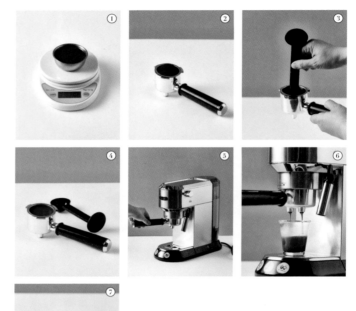

음료 베이스용 에스프레소 추출 시 가장 중요한 건 원두의 양입니다. 추출한 에스프레소를 많이 넣는다고 음료에서 커피 맛이 진하게 나지는 않습니다. 에스프레소 맛의 깊이는 양이 아닌 농도에 있습니다. 절대 에스프레소 추출량을 임의적으로 늘리지 마세요. 보통 7~10g 정도의 원두로 1샷 분량의 1온즈를 추출하고 14~20g의 원두로 2샷 분량의 2온즈의 커피를 추출합니다. 분쇄한 원두의 크기는 가장 고운 입자로 선택해 사용하세요.

1 곱게 분쇄한 원두 14g을 준비합니다.

2 포터필터에 원두를 넣습니다.

3 도징을 하여 원두의 수평을 맞춥니다.

4 템핑하여 정확한 레벨링을 합니다.

5 머신에 포터필터를 끼웁니다.

6 에스프레소 잔을 놓고 버튼을 눌러 추출합니다.

7 머신에서 포터필터에서 빼서 마무리합니다.

BASE 추출하기:
모카포트

수증기의 압력을 이용해 커피를 추출하는 방법입니다. 가정에서 손쉽게 할 수 있는 에스프레소 추출방식으로 핸드드립보다 진한 맛을 냅니다. 물이 많이 들어가는 아메리카노나 라떼의 베이스 커피를 추출할 때 잘 어울리며, 에스프레소처럼 고운 입자의 원두를 사용합니다. 불에 바로 올리는 포트는 바디에 잔열이 많으므로 추출이 시작되면 불을 작게 줄이거나 끕니다. 포트는 사용 후 바로 세척해야 다음 커피를 만들 때 깔끔한 맛의 커피를 즐길 수 있습니다.

1 압력밸브 아래까지 물을 담습니다.

2 중간 필터에 커피를 담습니다.

3 꾹꾹 누르지 않고 깎아서 수평을 맞춥니다.

4 상단과 하단을 빈틈이 없도록 연결합니다.

5 불을 켠 후 치익 소리가 들릴 때까지 가열합니다.

6 커피 추출이 시작되고 반 정도 되면 불을 끕니다.

7 추출이 마무리 되면 포트는 분리하여 세척합니다.

BASE 추출하기:
프렌치프레스

커피와 기구 물만 있으면 어디서나
손쉽게 만들 수 있는 추출법입니다.
종이 필터를 거치지 않기에 맛이 약간
텁텁할 수 있지만 바디감이 높아 진한
커피를 마시는 분들에게 적합합니다.
프렌치프레스의 미세망이 원두의
미분까지는 거르지 못하므로
핸드드립처럼 굵게 분쇄한 원두를
사용하세요. 추출 후 컵에 따라내는
과정에서 마지막에 남은 약간의
커피는 미분을 있으니 버리는 것이
좋습니다.

1 굵게 분쇄한 원두 15g을 준비합니다.

2 프렌치프레스 비커에 원두를 넣습니다.

3 85~90℃의 물 200ml를 두 번에 나눠 넣습니다.

4 첫번째 물을 넣을 때 30초정도 뜸을 들입니다.

5 두번째 물을 넣은 후 원두가 잘 섞이도록 젓습니다.

6 2분30초~3분 후 플런저를 천천히 내립니다.

7 준비하나 잔에 커피를 따라 즐깁니다.

BASE 추출하기:
더치커피

추출 방식에 따라 더치커피와
콜드브루로 나뉩니다. 더치커피는
한 방울씩 물을 떨어뜨려 추출하는
점출식 방식이고, 콜드브루는 찬물을
커피와 섞어 침지 후 추출하는
침출식 방식입니다. 맛의 차이는 거의
없으며, 원두는 에스프레소보다 살짝
두꺼운 크기가 알맞습니다. 추출한
커피는 병에 담아 냉장보관하세요.
숙성되면서 풍미가 짙어져 더욱
향기로운 커피가 됩니다. 적절하게
희석하면 부드러운 핸드드립커피를
마시는 느낌이 듭니다.

1   분쇄한 원두 70g를 준비합니다.

2   커피 바스켓 바닥에 여과지를 올리고 물을 적셔줍니다.

3   원두를 바스켓에 넣어 수평을 맞추고 다른 여과지를 원두 위에 올립니다.

4   물탱크에 차가운 물 350ml를 넣고 뚜껑을 닫아 시계 반대방향으로 밸브를
    돌립니다.

5   물이 1초에 한 방울씩 떨어지도록 조절한 뒤 거치대에 올려 추출합니다.

6   추출 후 밀폐가능한 유리병에 넣고 냉장보관합니다.

SIGNATURE COFFEE = BASE + MILK

커피를 베이스로 하여 음료를 만들 때 가장
먼저 떠오르는 재료가 우유입니다. 진하게
우린 블랙 컬러의 커피와 크림색 우유의
조합은 변치 않는 클래식이지요. 커피에
들어가는 우유의 양에 따라 맛과 특징도
달라집니다. 매년 새로운 비율의 시그니처
메뉴가 등장중입니다.

○ **에스프레소** 〔 커피 : 우유 = 1:0 〕
커피의 수용성과 지용성 성분 모두를 추출한 에스프레소는
갈색이나 황토색의 짙은 크레마를 포함하고 있습니다.
14g의 원두를 곱게 갈아 뜨거운 물로 25초간 9기압의
압력을 가해 추출한 1온즈의 커피를 에스프레소라고
합니다. 진한 맛으로 애호가도 많으며 카페에서 제조하는
대다수의 커피 음료의 베이스가 되기도 합니다.

○ **지브롤터** 〔 커피 : 우유 = 1:1 〕
에스프레소 더블샷에 동량의 스팀밀크를 넣어 만드는
커피로 바리스타들이 매일 커피를 준비하며 빠르게 만들어
마시면서 그날의 커피맛을 평가하는 메뉴로도 잘 알려져
있습니다. 진한 라떼를 좋아한다면 추천합니다. 블랜딩된
원두나 싱글오리진 원두로도 만들어보세요.

◯ **플랫화이트** 〔 커피:우유 = 1:3 〕

에스프레소에 미세한 거품을 만든 스팀밀크를 넣어 마시는
메뉴로 우유의 온도가 아주 뜨겁지 않은 것이 특징입니다.
우유 거품이 봉긋하지 않고 평평하여 '플랫화이트'라고
불립니다. 음료 위쪽의 거품층이 1cm 이하일 때 맛이
좋습니다. 만들어서 빠르게 마시는 커피입니다.

◯ **카푸치노** 〔 커피:우유 = 1:2:3 〕

에스프레소 위에 우유의 풍성한 거품을 올려 마시는 메뉴로
커피와 우유, 거품의 비율이 중요합니다. 1:1:1 또는 1:2:3
이라고도 하는데 모두 맞는 말입니다. 보통 카푸치노 잔은
아래가 좁고 위로 갈수록 넓어지는데 어떻게 보느냐에 따라
그 비율이 달라보이는 겁니다. 높이로 보면 1:1:1, 양으로
보면 1:2:3입니다.

◯ **카페라떼** 〔 커피:우유 = 1:5 〕

우유가 들어간 커피 중 가장 대중적인 메뉴로 진한
에스프레소에 따끈하게 스팀한 우유를 넉넉히 넣어
만듭니다. 카페라떼의 커피 대 우유의 비율은 1:5로
베리에이션 밀크커피의 기본 베이스 공식이기도 합니다.
부드러운 맛을 원한다면 1샷의 커피를, 기본 맛을
원한다면 2샷의 커피를, 진한 맛을 원한다면 3샷의 커피를
넣어주세요. 고소하고 단맛이 느껴져야 맛있는 라떼입니다.

BASE 드립커피

HOT & COOL

아인슈페너

오스트리아 빈의 마부들이 한손에는 마필, 한손에는 커피를 들고 마셨다 하여 '비엔나커피'로도 불리는 음료입니다. 커피 위에 소프트크림을 올리는 메뉴로 몇 년간 큰 사랑을 받고 있지요. 큰 잔보다는 작은 잔을 준비해 진하게 마시는 것이 포인트입니다.

ASSEMBLE

Coffee Base
핸드드립커피 150ml

Liquid
COOL 얼음 1/2컵

Syrup
설탕 10~15g, 소프트크림 1스쿱

Garnish
HOT 카카오닙스 1작은술
COOL 카카오파우더 약간, 허브 1줄기

RECIPE

1 드립용 원두 15g에 90℃의 물 200ml를 부어 핸드드립커피 150ml를 추출한다.

2 준비한 잔을 뜨거운 물에 담갔다 빼거나 전자레인지에 30초간 돌려 예열한다.

3 예열한 잔에 설탕 10g을 넣고 추출한 커피를 부어 녹인다.

4 소프트크림을 올린 뒤 카카오닙스를 뿌려낸다.

1 드립용 원두 20g에 90℃의 물 200ml를 부어 핸드드립커피 150ml를 추출한다.

2 커피가 추출된 서버에 설탕 15g을 넣고 녹인다.

3 준비한 잔에 얼음을 채우고 ②를 부어 차게 식힌다.

4 소프트크림을 올린 뒤 카카오파우더를 뿌리고 허브로 장식한다.

TIP

소프트크림 만들기
차가운 생크림 100ml에 백설탕 10g을 섞어 휘핑합니다. 거품기를 거꾸로 들었을 때 크림이 독수리 발톱모양으로 구부러지면 완성입니다. 냉장고에서 하루 동안 두고 사용합니다.

오렌지바닐라커피

커피에 우린 말린 오렌지의 향이 돋보이는 커피입니다. 커피와 오렌지
사이에 바닐라시럽을 넣어 맛의 밸런스를 맞추었습니다. 오렌지가
없다면 시트러스 계열의 과일을 말려 사용하세요. 자몽, 귤, 라임 모두
어울립니다.

ASSEMBLE

Coffee Base
핸드드립커피 180ml

Syrup
바닐라시럽 10ml

Garnish
말린 오렌지 슬라이스 2개, 허브 약간

RECIPE

1 드립 서버에 말린 오렌지 슬라이스 1개를 넣는다.

2 드립용 원두 15g에 90℃의 물 200ml를 부어 오렌지핸드드립커피
180ml를 추출한다.

3 준비한 잔을 뜨거운 물에 담갔다 빼거나 전자레인지에 30초간 돌려
예열한다.

4 예열한 잔에 바닐라시럽을 넣는다.

5 커피를 붓고 말린 오렌지 슬라이스 1개와 허브를 띄운다.

TIP

과일 건조기 온도는 40~50℃가 적당
과일을 말릴 때는 2~3mm로 얇게 썰어
자연건조나 40~50℃로 맞춘 식품건조기에서
6~8시간 말립니다. 너무 높은 온도에서 말리면
과일이 갈변해 시각적 효과가 떨어져요.

BASE 드립커피

COOL

앵무새그라세

비정제 설탕이 커피 본연의 맛을 한층 끌어올려줍니다. 라빠르쉐
앵무새설탕이 아니라도 괜찮습니다. 우유를 잔에 넣은 다음 스푼에
커피를 조금씩 흘려넣어 선명한 커피 층을 만들어주세요.

ASSEMBLE

Coffee Base
핸드드립커피 80ml

Liquid
우유 180ml, 얼음 1/2컵

Syrup
비정제 설탕 13g

RECIPE

1 드립용 원두 15g에 90℃의 물 100ml를 부어 핸드드립커피 80ml를
추출한다.

2 준비한 잔에 우유를 붓고 비정제 설탕을 넣어 녹인다.

3 ②에 얼음을 넣고 스푼에 커피를 흘려 잔에 넣는다.

─────── **TIP**

설탕을 녹이는 순서가 중요
우유와 커피 사이의 층의 비밀은 무게 차이에
있습니다. 우유에 설탕을 녹여 농도를 높여
무겁게 가라앉히는 것이지요. 커피에 설탕을
녹이면 원하는 층이 생기지 않으니 순서에
유의하세요.

헤이즐넛커피

진한 커피에 헤이즐넛시럽을 가미하여 향긋함과 고소함을 더했습니다.
뜨겁게 마시면 헤이즐넛 향이 강하게 느껴질 수 있으니 시럽의 양을
조금 줄이고, 차갑게 아이스로 마실 때는 시럽을 충분히 넣어 달콤하게
즐기세요.

ASSEMBLE

Coffee Base
핸드드립커피 150~180ml

Liquid
COOL 크러시드 아이스 1컵

Syrup
헤이즐넛시럽 15~20ml

RECIPE

1 　드립용 원두 15g에 90℃의 물 200ml를 부어 핸드드립커피 180ml를
　　추출한다.

2 　준비한 잔을 뜨거운 물에 담갔다 빼거나 전자레인지에 30초간 돌려
　　예열한다.

3 　예열한 잔에 추출한 커피를 붓는다.

4 　헤이즐넛시럽 15ml를 넣어 마무리한다.

1 　드립용 원두 20g에 90℃의 물 200ml를 부어 핸드드립커피 150ml를
　　추출한다.

2 　준비한 잔에 크러시드 아이스를 4/5 가량 채운다.

3 　②에 추출한 커피를 부어 차갑게 식힌다.

4 　헤이즐넛시럽 20ml를 넣고 남은 크러시드 아이스를 위에 올려낸다.

BASE 드립커피

COOL

흑당커피

오키나와 흑당으로 만든 커피로 달콤하고 풍분한 맛이 일품입니다. 천연
당인 오키나와 흑당 속의 미네랄 성분이 피로에 지친 일상에 에너지를
주지요 우유를 섞어 라떼로 마셔도 좋습니다.

ASSEMBLE

Coffee Base
핸드드립커피 150ml

Liquid
얼음 1컵

Syrup
흑당 15g

Garnish
흑당 약간

RECIPE

1 드립용 원두 15g에 90℃의 물 200ml를 부어 핸드드립커피 150ml를 추출한다.

2 추출한 커피에 흑당을 넣어 잘 저어 녹인다.

3 준비한 잔에 얼음을 가득 채운다.

4 흑당을 녹인 커피를 부어 차게 식힌 뒤 가니시용 흑당을 올려낸다.

TIP

흑설탕 사용은 피해야
인공적인 캐러멜 색소가 들어 있는 흑설탕은
음료 재료로 추천하지 않습니다. 흑당이 없다면
비정제 다크마스코바도 설탕을 사용하세요.

얼그레이커피

얼그레이 향을 좋아하지만 커피도 즐기고픈 분들이 찾는 메뉴입니다.
얼그레이 특유의 베르가못 향이 부드럽지요. 보통 티백은 3분간
우리지만 커피에 넣는 티백은 1분30초가 적당합니다. 그래야 커피의
존재감이 사라지지 않아요.

ASSEMBLE

Coffee Base
핸드드립커피 180ml

Sub Base
플레즈나 얼그레이홍차 티백 1개

Liquid
얼음 1컵

Garnish
허브 약간

RECIPE

1 드립용 원두 15g에 90℃의 물 200ml를 부어 핸드드립커피 180ml를
   추출한다.

2 추출한 커피에 얼그레이홍차 티백을 넣고 1분30초 우린다.

3 준비한 잔에 얼음을 가득 채우고 ②의 다 우리고 남은 티백을 넣는다.

4 얼그레이홍차가 우려진 커피를 부어 차갑게 식힌다.

5 얼음을 더 채우고 허브를 올려낸다.

―――――――――――――――――――――― **TIP**

얼그레이티백은 기본형으로 선택
커피에 우릴 얼그레이홍차는 기본형을 선택하는
게 좋습니다. 크림 향, 캐러멜 향 등의 가향된
티는 자칫 커피 특유의 향을 떨어뜨릴 수
있습니다. 잎차의 양은 1.5~2g이 적당합니다.

BASE 드립커피

HOT & COOL

메이플커피

메이플시럽으로 만든 설탕을 넣어 커피를 부드럽고 풍부하게
만들었습니다. 메이플 특유의 은은한 향이 커피의 맛을 높여주지요.
설탕 대신 시럽으로 대체 가능합니다. 여름과 가을 사이에는 아이스
메뉴로, 가을과 겨울 사이에는 핫 메뉴로 즐기세요.

ASSEMBLE

Coffee Base
핸드드립커피 150~180ml

Liquid
COOL 얼음 1컵

Syrup
메이플설탕 8~13g

RECIPE

1 드립용 원두 15g에 90℃의 물 200ml를 부어 핸드드립커피 180ml를
  추출한다.

2 준비한 잔을 뜨거운 물에 담갔다 빼거나 전자레인지에 30초간 돌려
  예열한다.

3 예열한 잔에 메이플설탕 8g을 넣는다.

4 추출한 커피를 부어 마무리한다.

1 드립용 원두 15g에 90℃의 물 200ml를 부어 핸드드립커피 150ml를
  추출한다.

2 추출한 커피에 메이플설탕 13g을 넣는다.

3 준비한 잔에 얼음을 가득 채운다.

4 ②를 부어 차게 식혀 완성한다.

방탄커피

저탄고지 식단에 항상 등장하는 커피입니다. 염소젖에서 나온 버터와
기름을 커피에 넣어 마시던 유목민 문화에서 유래된 것으로 진한
커피에 버터와 MCT오일을 넣어 만듭니다. 융점을 조정하고 지방산을
재배열하는 과정을 거친 MCT오일은 오일이 가진 특유의 향이나 색이
제거되어 음료에 활용하기 적당합니다.

ASSEMBLE

Coffee Base
핸드드립커피 200ml

Liquid
MCT오일 15g

Syrup
버터 20g

RECIPE

1 드립용 원두 15g에 90℃의 물 250ml를 부어 핸드드립커피 200ml를
추출한다.

2 준비한 잔을 뜨거운 물에 담갔다 빼거나 전자레인지에 30초간 돌려
예열한다.

3 예열한 잔에 MCT오일과 추출한 커피 1/2 분량을 넣고 빠르게
섞는다.

4 버터를 넣고 20초간 빠르게 섞는다.

5 남은 커피를 넣고 섞어 완성한다.

=========================== TIP

반드시 무염버터 사용
버터는 반드시 무염버터를 사용해야 짠맛이
음료에 섞이지 않습니다. 미니 전동거품기를
사용해 섞으면 더욱 좋아요. 손으로 섞는다면
빠른 속도로 섞어주세요.

BASE 드립커피

HOT & COOL

카페쓰어다

베트남어로 '아이스밀크커피'를 뜻하는 이름의 음료입니다. 달콤한
연유와 진한 커피가 만난 베트남커피로 한번 맛보면 잊을 수 없지요.
아라비카 원두도 좋지만 쓴맛이 많이 나는 로부스타 원두로 만들면 더욱
진한 맛을 냅니다. 일반 라떼가 지겹다면 꼭 한 번 만들어보세요.

ASSEMBLE

Coffee Base
핸드드립커피 150~180ml

Liquid
COOL 얼음 1컵

Syrup
연유 20~30ml

RECIPE

1 드립용 원두 20g에 90℃의 물 200ml를 부어 핸드드립커피 180ml를
추출한다.

2 준비한 잔을 뜨거운 물에 담갔다 빼거나 전자레인지에 30초간 돌려
예열한다.

3 예열한 잔에 연유 20ml를 넣는다.

4 추출한 커피를 부어 잘 섞는다.

1 드립용 원두 20g에 90℃의 물 200ml를 부어 핸드드립커피 150ml를
추출한다.

2 추출한 커피에 연유 30ml를 넣고 잘 섞는다.

3 준비한 잔에 얼음을 가득 채운다.

4 ②를 부어 차게 식혀 마무리한다.

솜사탕커피

향긋한 드립커피 위에 구름을 연상하게 하는 솜사탕을 가득 올린
스페셜 커피입니다. 솜사탕이 커피에 다 녹기 전에 즐기세요.
솜사탕이 녹은 커피 맛도 달콤합니다. 시판 컵솜사탕을 활용하면
간편하게 만들 수 있습니다.

ASSEMBLE

Coffee Base
핸드드립커피 150ml

Liquid
얼음 1컵

Syrup
컵솜사탕 1개

Garnish
식용꽃 적당량

RECIPE

1 드립용 원두 15g에 90℃의 물 200ml를 부어 핸드드립커피 150ml를
추출한다.

2 준비한 잔에 얼음을 가득 채운다.

3 ②에 추출한 커피를 90% 채워 차게 식힌다.

4 솜사탕을 동그랗게 말아 ③에 올린 뒤 빨대로 고정한다.

5 솜사탕 사이사이에 식용꽃을 장식한다.

──────── TIP

컵포장 솜사탕을 사용하면 편리
대용량 솜사탕을 구매하면 솜사탕이 뭉쳐 잔
위에 올리기도 어렵고 비주얼도 떨어져요. 한
컵씩 담아 있는 시판용 컵솜사탕을 사용하세요.

BASE 에스프레소

HOT

지브롤터

바리스타들이 에스프레소를 추출한 샷잔에 바로 우유를 부어 마시면서
유명해진 커피입니다. 동량의 커피와 우유가 만들어내는 미세한 거품
층과 풍부한 커피 맛을 즐기기 좋지요. 아주 진한 카페라떼 생각이
간절한 날에 추천합니다.

ASSEMBLE

Coffee Base
에스프레소 40ml

Liquid
스팀밀크 50ml

RECIPE

1 에스프레소 잔을 뜨거운 물에 담갔다 빼거나 전자레인지에 30초간
  돌려 예열한다.

2 예열한 잔에 에스프레소 40ml를 추출한다.

3 우유를 뜨겁게 데워 준비한다. 팬에 끓이거나 전자레인지에 돌려도
  좋다.

4 ②에 데운 우유를 가득 채운다.

TIP

아몬드밀크나 소이밀크와도 어울려
우유가 부담스럽다면 아몬드밀크나 소이밀크를
넣어보세요. 견과류의 고소함이 에스프레소와
어울려 의외의 매력적인 맛을 냅니다.

크림초콜릿커피

에스프레소에 초콜릿시럽을 넣고 적당량의 우유를 부어준 뒤 크림으로
마무리하는 메뉴입니다. 무게감 있는 크림을 만들되 하드하게 휘핑하지
않는 것이 특징이지요. 커피와 우유, 크림을 섞지 않고 잔을 기울여
순차적으로 마시는 것이 맛있게 음용하는 비결입니다.

ASSEMBLE

Coffee Base
에스프레소 30~40ml

Liquid
우유 130ml COOL 얼음 1/2컵

Syrup
초콜릿시럽 20~30ml P247 참조
소프트크림 1스쿱 P025 참조

Garnish
HOT 초콜릿 덩어리 적당량
COOL 카카오파우더 약간

RECIPE

1 에스프레소 30ml를 추출한다.

2 추출한 에스프레소에 초콜릿시럽 20ml를 섞는다.

3 준비한 잔을 뜨거운 물에 담갔다 빼거나 전자레인지에 30초간 돌려
예열한다.

4 예열한 잔에 ②를 붓는다.

5 우유를 뜨겁게 데워 밀크폼이 생기지 않게 ④에 붓고 소프트크림을
가득 올린다.

6 초콜릿 덩어리를 갈아 쉘을 만들어 크림 위에 듬뿍 올려낸다.
감자칼로 긁어 사용해도 좋다.

1 에스프레소 40ml를 추출한다.

2 추출한 에스프레소에 초콜릿시럽 30ml를 섞는다.

3 준비한 잔에 얼음을 채운 뒤 ②를 붓는다.

4 차가운 우유를 붓고 소프트크림을 풍성하게 올린다.

5 음료 위에 카카오파우더를 소복이 뿌려낸다.

BASE 에스프레소

COOL

오렌지비앙코

줄여서 '오비'라고 불릴 만큼 인기 있는 메뉴입니다. 마치 오렌지가 들어 있는 초콜릿을 맛보는 느낌이 들지요. 오렌지절임과 커피를 함께 즐겨야 맛있습니다. 조금 굵은 빨대를 사용해야 오렌지절임을 음료와 함께 마실 수 있어요.

ASSEMBLE

Coffee Base
에스프레소 50ml

Liquid
우유 180ml, 얼음 1/2컵

Syrup
오렌지절임 50g

Garnish
오렌지 슬라이스 1개, 허브 약간

RECIPE

1 에스프레소 50ml를 추출한다.

2 준비한 잔에 오렌지절임을 넣고 얼음을 가득 채운다.

3 우유와 추출한 에스프레소를 순차적으로 넣는다.

4 오렌지 슬라이스를 가니시로 올리고 취향에 따라 허브를 더한다.

5 음용 전 전체를 충분히 잘 섞어 오렌지절임과 함께 섭취한다.

=== TIP

자몽비앙코, 귤비앙코도 OK
자몽이나 귤을 사용하여 비앙코를 만들어보세요.
비앙코는 '우유의 하얀색을 뜻하는 말로 커피
음료에서는 라떼에 과일을 넣어 상큼하게
음용하는 것을 뜻합니다.

커피큐민

강황의 추출물인 커큐민이 세계적으로 인기를 모으고 있습니다.
커피 위에 노란색이 도는 커큐민크림을 올리면 따뜻한 봄날에
어울리는 음료가 되지요. 식용꽃이나 스프링클을 사용하여
비주얼에 포인트를 주세요.

ASSEMBLE

Coffee Base
에스프레소 30~40ml

Liquid
우유 160~180ml COOL 얼음 1/2컵

Syrup
설탕 13~15g, 커큐민크림 1스쿱
(커큐민 1방울+소프트크림 1스쿱)

Garnish
식용꽃 약간

RECIPE

1 에스프레소 30ml를 추출한다.
2 준비한 잔을 뜨거운 물에 담갔다 빼거나 전자레인지에 30초간 돌려 예열한다.
3 예열한 잔에 추출한 에스프레소와 설탕 13g을 넣고 섞는다.
4 우유 160m를 뜨겁게 데워 밀크폼이 생기지 않게 ③에 붓는다.
5 소프트크림에 커큐민 1방울을 섞어 커큐민크림을 만든다.
6 ④ 위에 커큐민크림을 올리고 식용꽃으로 장식한다.

1 에스프레소 40ml를 추출한다.
2 추출한 에스프레소에 설탕 15g을 넣고 잘 저어 충분히 녹인다.
3 준비한 잔에 ②의 커피 베이스를 넣는다.
4 우유 180ml를 부어 섞은 뒤 얼음을 넣고 차갑게 식힌다.
5 소프트크림에 커큐민 1방울을 섞어 커큐민크림을 만든다.
6 ④ 위에 커큐민크림을 올리고 식용꽃으로 장식한다.

BASE 에스프레소

COOL

솔티라떼

요즘 인기를 모으는 메뉴입니다. 우유와 커피로 층을 나누는 일반 라떼와 달리 솔티워터, 커피, 크림 층으로 나누지요. 하드한 타입의 소프트크림보다는 약간 묽은 크림이 잘 어울립니다. 음용 시에는 라떼 색이 나올 때까지 고루 섞어야 '단짠'의 매력을 맛볼 수 있습니다.

ASSEMBLE

Coffee Base
에스프레소 40ml

Liquid
정수물 100ml, 얼음 1/2컵

Syrup
소금 2g, 설탕 15g

Garnish
소프트크림 1스쿱 P025 참조

RECIPE

1 에스프레소 40ml를 추출한다.

2 정수물에 소금과 설탕을 완전히 녹인다.

3 준비한 잔에 얼음을 넣고 ②를 넣는다.

4 추출한 커피를 천천히 붓는다.

5 커피 위에 소프트크림을 올려낸다.

TIP

영양이 풍부한 천연소금 사용
커피에 소금을 넣어 짠맛을 직접적으로 느끼는 메뉴입니다. 일반소금보다는 영양과 맛이 풍부한 천연소금을 사용하길 권해요.

리얼바닐라라떼

수제 바닐라시럽으로 만든 바닐라라떼는 대표 시그니처 메뉴입니다.
달콤한 커피를 좋아하는 이들이 즐겨 찾는 메뉴예요. 음료에 사용하는
바닐라빈은 마다가스카르산을 추천합니다. 타히티산은 꽃 향이 진해 커피
고유의 향을 떨어뜨릴 수 있습니다.

ASSEMBLE

Coffee Base
에스프레소 30~40ml

Liquid
우유 180~200ml COOL 얼음 1컵

Syrup
바닐라빈시럽 30~40ml P245 참조

Garnish
HOT 바닐라빈 1줄기,
소프트크림 1스쿱 P025 참조

RECIPE

1 에스프레소 30ml를 추출한다.
2 준비한 잔을 뜨거운 물에 담갔다 빼거나 전자레인지에 30초간 돌려
  예열한다.
3 예열한 잔에 추출한 에스프레소는 붓는다.
4 우유 200ml에 수제 바닐라시럽 30ml를 넣고 뜨겁게 데운다.
5 뜨겁게 데운 ④를 ③에 붓는다.
6 소프트크림을 올리고 바닐라빈을 꽂아낸다.

1 에스프레소 40ml를 추출한다.
2 추출한 에스프레소에 바닐라빈시럽 40ml를 섞는다.
3 준비한 잔에 얼음을 가득 채운다.
4 ③에 차가운 우유 180ml를 채운다.
5 ④에 바닐라시럽을 섞은 커피 베이스 ②를 붓는다.

BASE 에스프레소

HOT & COOL

펌킨라떼

할로윈데이가 있는 가을 무렵이면 달콤한 호박이 들어간 펌킨라떼가 생각납니다. 삶은 단호박으로 단호박페이스트를 만들어 넣으면 맛도 좋고 간편하게 즐길 수 있지요. 단호박 대신 호박죽을 만드는 노란 호박이나 밤으로 퓌레를 만들어 넣어도 맛있습니다.

ASSEMBLE

Coffee Base
에스프레소 25~40ml

Liquid
우유 160~180ml COOL 얼음 1컵

Syrup
단호박페이스트 30~40ml P252 참조

Garnish
HOT 시나몬파우더 약간

RECIPE

1 에스프레소 25ml를 추출한다.

2 준비한 잔을 뜨거운 물에 담갔다 빼거나 전자레인지에 30초간 돌려 예열한다.

3 단호박페이스트 30ml을 뜨겁게 예열된 잔에 넣는다.

4 추출한 에스프레소를 넣어 잘 섞는다.

5 우유 160m를 뜨겁게 데워 ④에 붓는다.

6 음료 위에 시나몬파우더를 뿌려 마무리한다.

1 에스프레소 40ml를 추출한다.

2 준비한 잔에 단호박페이스트 40ml와 얼음을 가득 채운다.

3 우유 180ml를 부어 노란색이 도는 우유 베이스를 만든다.

4 ③에 추출한 에스프레소를 붓는다.

로즈라떼

장미 향이 나는 커피를 상상해본 적 있나요? 로즈시럽과 우유로 라떼를
만든 뒤 밀크폼 위에 장미꽃잎으로 장식해보세요. 꽃잎이 가득한 커피
한 잔을 마주하면 누구라도 기분이 좋아지겠죠?

ASSEMBLE

Coffee Base
에스프레소 40ml

Liquid
우유 160ml

Syrup
로즈시럽 20ml ^{P246 참조}

Garnish
밀크폼 1스쿱, 식용 장미꽃잎 듬뿍

RECIPE

1 에스프레소 40ml를 추출한다.

2 준비한 잔을 뜨거운 물에 담갔다 빼거나 전자레인지에 30초간 돌려
예열한다.

3 뜨겁게 예열한 잔에 로즈시럽과 추출한 에스프레소를 넣고 섞는다.

4 우유를 거품기로 저어가며 데운다.

5 풍부한 밀크폼을 낸 뜨거운 우유를 ③에 붓는다. 스푼으로 밀크폼을
올려준다.

6 밀크폼 위에 장미꽃잎을 뿌리듯 장식한다.

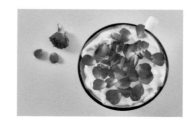

BASE 에스프레소

HOT & COOL

다크체리샷

잔에 진한 에스프레소 투샷→체리절임→우유를 순서대로 넣어 만든
메뉴입니다. 달콤하고 향기로운 체리맛 커피우유가 기분을 들뜨게
하네요. 벚꽃 향이 가득한 체리블라썸시럽을 추가해도 좋아요. 구름
같은 소프트크림도 잊지 마세요!

ASSEMBLE

Coffee Base
에스프레소 40ml

Liquid
우유 80~100ml COOL 얼음 1/3컵

Syrup
체리절임 10g

Garnish
소프트크림 1스쿱 P025 참조, 체리 1개

RECIPE

1 에스프레소 40ml를 추출한다.

2 준비한 잔을 뜨거운 물에 담갔다 빼거나 전자레인지에 30초간 돌려
예열한다.

3 예열한 잔에 추출한 에스프레소를 담고 체리절임을 넣는다.

4 우유 100ml를 뜨겁게 데워 ③에 붓는다.

5 소프트크림을 올리고 체리로 장식한다.

1 에스프레소 40ml를 추출한다.

2 추출한 에스프레소에 체리절임을 넣는다.

3 준비한 잔에 ②를 넣고 얼음을 채운 뒤 차가운 우유 80ml를 붓는다.

4 소프트크림을 올리고 체리로 장식한다.

로투스아포가토

아이스크림에 에스프레소샷을 부어 즐기는 것을 '아포가토'라고 합니다.
이때 로투스과자를 함께 넣어보세요! 커피에 찍어도, 녹은 아이스크림에
찍어도 아주 맛있습니다.

ASSEMBLE

Coffee Base
에스프레소 40ml

Liquid
바닐라아이스크림 2스쿱

Garnish
로투스과자 2개

RECIPE

1 에스프레소 40ml를 추출한다.

2 낮고 넓은 잔에 바닐라아이스크림 2스쿱을 넣는다.

3 ②에 추출한 에스프레소를 붓는다.

4 로투스과자를 살짝 꽂아낸다.

========== TIP

과자를 스푼처럼 사용하기
로투스과자가 없다면 다이제스티브를 사용해도
좋아요. 과자를 스푼처럼 활용해 아이스크림과
커피를 함께 즐겨보세요.

BASE 에스프레소

COOL

조리퐁블랜디드

추억의 과자 조리퐁이 커피와 만났습니다. 블랜더에 커피와 아이스크림,
조리퐁을 넣고 함께 돌리면 의외의 조합에 깜짝 놀라지요. 그 위에
조리퐁을 잔뜩 올려 장식하면 손색없는 디저트 메뉴가 됩니다. 동심으로
돌아가듯 마주하는 순간부터 기분 좋아지는 메뉴입니다.

ASSEMBLE

Coffee Base
에스프레소 25ml

Liquid
우유 100ml, 얼음 1/2컵

Syrup
바닐라아이스크림 1과1/2스쿱
조리퐁 1과1/2컵

Garnish
조리퐁 1/2컵

RECIPE

1 에스프레소 25ml를 추출한다.

2 블랜더에 얼음과 아이스크림, 추출한 에스프레소, 우유를 넣고 간다.

3 모든 재료가 다 섞이고 얼음이 갈린 것을 확인한다.

4 ③에 조리퐁 1과1/2컵을 넣고 순간 동작으로 4~5번 갈아준다.

5 준비한 잔에 ④를 담고 남은 조리퐁 1/2컵을 음료 위에 장식한다.

─────── TIP

조리퐁 대신 시리얼도 OK
조리퐁이 없다면 집에 있는 시리얼을 넣어
아침식사 대용으로 즐겨도 좋습니다. 초코시럽
15ml를 넣으면 훨씬 달콤하고 맛있어져요.

플랫화이트

커피 잘하는 집에 '라떼가 맛있는 집'이라는 부제가 따르듯, 라떼는 커피
본연의 맛을 중시합니다. 라떼에 비해 진한 커피와 적은 양의 우유를 넣는
플랫화이트는 핫&쿨 메뉴 모두 유리잔에 넣어 즐기는 게 포인트입니다.
커피와 우유가 만드는 진득한 질감을 즐겨보세요.

ASSEMBLE

Coffee Base
에스프레소 40~50ml

Liquid
우유 130~150ml
COOL 얼음 1/2컵

RECIPE

1 준비한 유리잔을 뜨거운 물에 담갔다 빼거나 전자레인지에 30초간
   돌려 예열한다.

2 예열한 잔에 에스프레소 40ml를 추출한다.

3 우유 150ml를 너무 뜨겁지 않게 데운다.

4 ②에 데운 우유를 붓는다.

5 밀크폼의 두께가 1cm가 넘지 않도록 따른다.

1 에스프레소 50ml를 추출한다.

2 준비한 유리잔에 단단하고 큰 얼음을 채운다.

3 ②에 차가운 우유 130ml를 붓는다.

4 추출한 커피를 붓는다. ③에 직접 커피를 추출해도 좋다.

BASE 에스프레소

COOL

바다라떼

푸른 바다를 상상케하는 라떼입니다. 오렌지 향이 도는 블루큐라소시럽을
넣어 눈도 마음도 시원해집니다. 튜브 모양의 도넛을 컵 위에 올리려면
시각적인 효과도 좋고 커피와의 마리아주도 좋아 일석이조의 효과를 얻을
수 있습니다.

ASSEMBLE

Coffee Base
에스프레소 40ml

Liquid
우유 150ml, 얼음 1/2컵

Syrup
블루큐라소시럽 15ml

Garnish
도넛 1개

RECIPE

1 에스프레소 40ml를 추출한다.

2 준비한 잔에 블루큐라소시럽을 넣는다.

3 ②에 얼음을 채우고 우유를 부어 3~4번 섞어 자연스러운
그라데이션을 만든다.

4 추출된 에스프레소를 붓는다.

5 링 모양의 도넛을 올려 마무리한다.

─── TIP

도넛은 냉동보관해두고 사용
도넛은 구입 후 개별 포장해 냉동보관합니다.
사용 전에 꺼내 상온에서 20분간 두었다
사용하세요.

카페아망디오

아몬드는 커피와 매칭하기 좋은 플레이버입니다. 아몬드시럽을
커피 베이스와 소프트크림에 각각 넣어 달콤하고 고소한 음료를
만들었습니다. 전체적 당도를 크림에 맞추어 세련된 맛을 내지요.
헤이즐넛 향도 도전해보세요.

ASSEMBLE

Coffee Base
에스프레소 40ml

Liquid
우유 130ml, 얼음 1/2컵

Syrup
아몬드시럽 5ml,
아몬드크림 1스쿱(아몬스시럽
10ml+소프트크림 1스쿱)

Garnish
아몬드슬라이스 또는 견과류 약간

RECIPE

1 에스프레소 40ml를 추출한다.

2 ①에 아몬드시럽을 넣고 섞는다.

3 얼음을 채우고 우유를 부어 80% 정도 섞는다.

4 소프트크림에 아몬드시럽을 넣고 휘핑해 아몬드크림을 만든다.

5 큼직한 스푼을 이용해 아몬드크림을 ③ 위에 3번에 나눠 겹겹이
올린다.

6 아몬드슬라이스나 견과류를 올려 마무리한다.

TIP

로스티드 아몬드시럽 강추
구운 맛이 강조된 로스티드 아몬드시럽을
사용하면 풍미가 훨씬 좋습니다. 소프트크림과
시럽을 섞으면 크림이 가라앉기 쉬우니 거품기로
가볍게 저어주세요.

BASE 에스프레소

COOL

레드벨벳라떼

사진부터 찍고 싶을 만큼 비주얼이 아름답습니다. 서서히 핑크색으로
변해가는 우유 거품을 감상하는 재미가 색다르지요. 당도가 높아 저지방
우유 사용을 권합니다.

ASSEMBLE

Coffee Base
에스프레소 40ml

Liquid
우유 180ml, 얼음 1/2컵

Syrup
레드벨벳파우더 25g

Garnish
밀크폼 1스쿱, 레드벨벳파우더 약간

RECIPE

1 에스프레소 40ml를 추출한다.

2 추출한 에스프레소에 레드벨벳파우더를 넣고 녹인다.

3 준비한 잔에 얼음을 채운 뒤 ②를 넣는다.

4 우유를 약간만 남기고 모두 서서히 붓는다.

5 남은 우유로 밀크폼을 만들어 ④에 얹고 레드벨벳 파우더를 표면
위에 뿌린다.

TIP

아이스 메뉴 밀크폼 만들기
차가운 메뉴에 들어가는 밀크폼은
프렌치프레스에 우유를 넣고 아래위로 빠르게
움직여 만들어주세요. 라떼 음료라면 미리
우유에 거품을 내고 우유를 부은 뒤 마지막에
밀크폼을 얹습니다.

BASE 에스프레소

HOT

숏캐러멜

캐러멜마끼아또가 너무 헤비하게 느끼는 분들을 위해 만든 메뉴입니다.
캐러멜을 넣은 우유 베이스에 커피를 부어 달콤함과 쌉쌀함을 같이 느낄
수 있지요. 우유의 양은 대략 에스프레소 2배 정도가 적당합니다.

ASSEMBLE

Coffee Base
에스프레소 40ml

Liquid
우유 100ml

Syrup
캐러멜시럽 15ml P242 참조

Garnish
소프트크림 1/2스쿱 P025 참조
잘게 자른 캐러멜 적당량

RECIPE

1 에스프레소 40ml를 추출한다.

2 추출한 에스프레소에 캐러멜시럽을 넣는다.

3 준비한 잔을 뜨거운 물에 담갔다 빼거나 전자레인지에 30초간 돌려
   예열한다.

4 예열한 잔에 ②를 담고 우유를 뜨겁게 데워 넣는다.

5 ④ 위에 소프트크림을 올리고 잘게 자른 캐러멜을 올린다.

=== TIP ===

캐러멜은 미리 잘라서 보관
캐러멜 조각은 미리 잘라 슈거파우더를 뿌려
보관하면 편리합니다. 캐러멜 특유의 끈적임으로
서로 달라붙는 걸 방지해줘요.

BASE 더치커피

COOL

뉴올리언즈

치커리시럽과 커피의 만남. 미국에서 인기를 모으기 시작해 마니아층을
형성한 커피입니다. 달콤하고 고소한 맛이 일품이지요. 콜드브루 커피를
베이스로 선택해 부드러움을 더했습니다. 메뉴 완성 뒤 냉장고에서 1시간
숙성시킨 뒤 음용하세요.

ASSEMBLE

Coffee Base
더치커피 50ml

Liquid
우유 180ml, 얼음 1/2컵

Syrup
치커리시럽 20ml <u>P241 참조</u>

RECIPE

1 더치커피 50ml를 준비한다.

2 더치커피에 치커리시럽을 넣고 섞는다.

3 차가운 우유를 부어 섞는다.

4 적당한 용기에 모두 부어 냉장고에서 1시간 이상 숙성시킨다.

5 준비한 잔에 얼음을 넣고 ④를 적당량 덜어 마신다.

—————————— **TIP**
커피 대용으로 떠오르는 치커리 뿌리
치커리 뿌리는 특유의 쓴맛으로 커피 대용차로
인기를 모으고 있습니다. 과도한 카페인이
부담스러울 때 마시면 좋아요.

바닐라폼더치

우유에 바닐라시럽을 섞은 뒤 카푸치노 거품을 내어 더치커피 베이스와
섞는 메뉴입니다. 진한 달콤함도, 진한 커피 맛도 아닌 부드러운 구름 같은
맛을 지향하는 음료이지요. 카페인에 민감한 분에게 추천합니다.

ASSEMBLE

Coffee Base
더치커피 30~40ml

Liquid
우유 150ml COOL 얼음 1/2컵

Syrup
바닐라시럽 20~25ml **P245 참조**

Garnish
밀크폼 1스쿱, 식용꽃 적당량

RECIPE

1 더치커피 30ml를 준비한다.

2 준비한 잔을 뜨거운 물에 담갔다 빼거나 전자레인지에 30초간 돌려
   예열한다.

3 뜨겁게 예열한 잔에 더치커피를 넣는다.

4 팬에 우유 150ml, 바닐라시럽 20ml를 넣고 거품기로 저어가며
   뜨겁게 데운다.

5 ④를 ③에 붓고 마지막에 남은 밀크폼을 풍성하게 올린다.

6 푸른색 계열의 식용꽃으로 마무리한다.

1 더치커피 40ml를 준비한다.

2 길고 둥근 잔을 준비해 더치커피를 넣는다.

3 우유 150ml에 바닐라시럽 25ml을 섞는다.

4 프렌치프레스에 ③을 넣고 아래위로 움직이며 풍부한 밀크폼을
   만든다.

5 ②에 얼음과 ④를 넣고 마지막 남은 밀크폼을 풍성하게 올린다.

6 푸른색 계열의 식용꽃으로 마무리한다.

BASE 더치커피

HOT & COOL

토피넛라떼

아몬드와 호두, 카카오닙스로 맛을 낸 커피입니다. 토피넛 향으로
인기가 좋지요. 부드러운 달콤함을 즐기는 분들을 위해 더치커피를
사용하여 만들었습니다. 프라푸치노로 만들 때는 우유 150ml에 얼음 대신
아이스크림 150g을 넣어주세요.

ASSEMBLE

Coffee Base
더치커피 30~40ml

Liquid
우유 170~180ml **COOL** 얼음 1/2컵

Syrup
토피넛시럽 15~20ml

Garnish
소프트크림 1스쿱 **P025 참조**
카카오닙스 또는 견과류믹스 약간

RECIPE

1 더치커피 30ml를 준비한다.

2 토피넛시럽 15ml를 더치커피에 섞는다.

3 준비한 잔을 뜨거운 물에 담갔다 빼거나 전자레인지에 30초간 돌려
예열한다.

4 우유 170ml를 뜨겁게 데운다.

5 예열한 잔에 ②와 뜨겁게 데운 우유를 넣는다.

6 소프트크림을 올리고 카카오닙스나 견과류믹스를 잘게 잘라
장식한다.

1 더치커피 40ml를 준비한다.

2 토피넛시럽 20ml를 더치커피에 섞는다.

3 차가운 우유 180ml를 ②에 붓는다.

4 준비한 잔에 얼음을 채우고 ③을 담는다.

5 소프트크림을 올리고 카카오닙스나 견과류믹스를 잘게 잘라
장식한다.

커피토닉

칵테일을 닮은 커피 메뉴입니다. 토닉워터나 탄산수 혹은 탄산음료에
커피를 부어 마시지요. 탄산 있는 커피 맛이 상상되지 않는다면 꼭 한번
만들어 드세요. 한 여름에 즐기기 좋은 메뉴입니다.

ASSEMBLE

Coffee Base
더치커피 50ml

Liquid
탄산음료 180ml, 얼음 1/2컵

RECIPE

1 탄산음료를 아주 차갑게 준비한다.

2 더치커피 50ml를 준비한다.

3 준비한 잔에 얼음을 채운다.

4 차가운 탄산음료를 넣은 뒤 더치커피를 부어 완성한다.

─────────── TIP
취향에 따라 헤이즐럽시럽 추가
커피토닉에 달콤함을 추가하고 싶다면 헤이즐넛
시럽 10ml를 넣어보세요. 달콤함에 고소함까지
한번에 맛볼 수 있어요.

BASE 더치커피

COOL

자몽커피토닉

커피토닉에 자몽을 섞어 마시는 메뉴입니다. 자몽과육에 자몽절임을 더해
섞어 마시면 맛이 더욱 좋지요. 커피도 마시고 싶고 자몽에이드도 마시고
싶은 분들에게 추천합니다. 달콤쌉쌀한 맛이 커피와 잘 어울립니다.

ASSEMBLE

Coffee Base
더치커피 40ml

Liquid
탄산수 180ml, 얼음 1컵

Syrup
자몽절임 30g P251 참조, 자몽과육 2쪽

Garnish
자몽 슬라이스 1개

RECIPE

1 더치커피 40ml를 준비한다.
2 준비한 잔에 자몽절임을 넣는다.
3 자몽과육을 으깨어 ②와 섞는다.
4 ③에 얼음을 가득 채우고 탄산수를 붓는다.
5 더치커피를 마지막 단계에 넣는다.
6 자몽 슬라이스를 반 잘라 장식한다.

TIP

과일 종류를 바꿔보세요
커피토닉을 기본으로 다양한 토닉음료를
만들어보세요. 자몽 대신 블루베리, 레몬, 오렌지
무엇이든 가능합니다. 블루베리커피토닉도 즐겨
마시는 메뉴예요.

민트라떼

커피에 민트를 넣으면 초록빛 나무숲이 떠오르지요. 민트초콜릿이 인기를
모으듯 민트커피도 좋아하는 사람들이 꽤 많습니다. 무엇보다 민트, 우유,
커피의 3색 매치가 예뻐요. 개성 넘치는 커피를 만들어보세요.

ASSEMBLE

Coffee Base
더치커피 40ml

Liquid
우유 180ml, 얼음 1/2컵

Syrup
민트시럽 20ml

Garnish
허브 약간

RECIPE

1 더치커피 40ml를 준비한다.

2 준비한 잔에 민트시럽을 넣는다.

3 얼음을 채우고 우유를 넣는다.

4 ③을 조금씩 섞어가며 적당한 그라데이션을 만든다.

5 ④에 더치커피를 넣어 마지막 층을 완성한다.

6 커피 위에 허브를 얹어 마무리한다.

─── TIP

민트로 천연색 내기
민트시럽으로 만든 초록색이 너무 인공적으로
느껴진다면 천연 허브를 활용하세요. 민트
한줌을 손으로 비벼 설탕 10g과 섞어 넣어주세요.

BASE 더치커피

COOL

바나나라떼

산미가 적고 부드러우며 포만감이 높아 식사대용으로도 많이 찾는 메뉴입니다. 커다란 빨대를 꽂아 바나나 조각과 함께 음용해야 더 맛있습니다. 얼음과 함께 갈아 블랜디드 음료로 만들어도 좋아요.

ASSEMBLE

Coffee Base
더치커피 40ml

Liquid
바나나우유 160ml, 얼음 1/2컵

Syrup
바나나절임 30g

Garnish
허브 1줄기

RECIPE

1 더치커피 40ml를 준비한다.

2 바나나우유에 바나나절임을 넣고 섞는다.

3 준비한 잔에 얼음을 채우고 ②를 넣는다.

4 준비한 더치커피를 붓는다.

5 자스민잎이나 타임을 올려 마무리한다.

──────── **TIP**

바나나절임은 냉장보관
바나나와 바나나절임은 갈변하기 쉬우니 보관에 신경써주세요. 상온에서는 3~4일 사용 가능합니다. 남은 절임은 반드시 냉동보관해 사용하세요.

복숭아커피

복숭아 향이 커피와 어우러져 프루티하고 사랑스러운 커피를
만들어줍니다. 시럽 대신 복숭아홍차 티백과 더치커피를 사용하여 커피를
잘 마시지 못하는 커피 입문자에게 어울리는 메뉴입니다.

ASSEMBLE

Coffee Base
더치커피 50ml

Sub Base
플레즈나 복숭아홍차 티백 1개

Liquid
물 200ml, 얼음 1컵

Syrup
설탕 10g

Garnish
복숭아 2~3조각
허브 약간

RECIPE

1 더치커피 50ml를 준비한다.

2 복숭아홍차 티백 1개를 차가운 물 200ml에 넣어 1시간 냉침해
베이스를 준비한다.

3 더치커피에 설탕을 넣어 잘 녹인다.

4 준비한 잔에 ②의 복숭아홍차냉침을 붓고 ③을 넣어 섞는다.

5 남은 공간에 복숭아 조각과 얼음을 넣는다.

6 허브로 장식한다.

──────────── TIP

허브티백을 사용해도 좋아
카페인에 예민하다면 복숭아나 살구 향이
나는 허브티백을 사용해도 좋습니다. 홍차와
커피, 허브티와 커피의 궁합을 다양하게
테스트해보세요.

BASE 더치커피

COOL

행오버

술 마신 다음날은 유난히 목이 마르기 마련입니다. 커피를 마시고 싶지만 속이 쓰릴까 걱정될 때 강추하는 메뉴입니다. 부드러운 더치커피에 헛개나무 우린 차를 섞어 시원하게 갈증이 해소되지요. 수분섭취에 중점을 두고 마시면 좋은 커피입니다.

ASSEMBLE

Coffee Base
더치커피 40ml

Liquid
헛개나무차 티백 1개, 얼음 1컵

Syrup
꿀 20ml

Garnish
로즈마리 1줄기

RECIPE

1 더치커피 40ml를 준비한다.

2 헛개나무차 티백 1개를 뜨거운 물 150ml에 5분간 우린다.

3 준비한 잔에 얼음을 가득 채우고 ②와 꿀을 넣고 섞는다.

4 더치커피를 붓고 로즈마리로 장식한다.

5 기호에 따라 꿀을 10ml 추가해도 좋다.

―――――――――――――――― **TIP**

헛개수 원액을 넣어도 맛나
티백으로 차를 우리는 일이 귀찮다면 인터넷을 검색해 헛개수 원액을 구입해 활용하세요. 원액은 한 방울만 넣습니다.

FLAVOR

클래식에 향을 입힌 가향차가 인기입니다. 여러 차를 블랜딩해 새로운 향을
만들어내는데, 얼그레이에 캐러멜 향을 더하거나 베리 향에 장미 향을
입히기도 합니다. 강하고 진한 향보다는 과일 향과 꽃 향 같은 은은하고
자연에 가까운 향을 선호합니다.

COLOR

녹차의 활용도가 높아지면서 레드와 브라운이 주를 이루던 베리에이션 음료
의 컬러에 그린 컬러가 속속 등장 중입니다. 홍차나 허브티에는 과일이나 꽃을
넣어 메뉴의 볼륨감을 살려줍니다.

TASTE

차의 고유성분인 타닌의 쓴맛은 최대한 줄이되 본연의 캐릭터가 살아
있는 메뉴들이 사랑받고 있습니다. 우유나 두유를 즐겨 사용하면서
포만감은 높이고 맛도 부드러워졌습니다. 한 잔의 음료가 힐링으로
이어질 수 있는 티 메뉴들이 주목받고 있습니다.

TEA &
HERB–TEA

최근 카페 시그니처 메뉴의 트렌드를 묻는다면 단연 티와 허브티의
대약진을 꼽을 수 있습니다. 녹차, 홍차, 허브티를 베이스로 다양한
베리에이션 음료가 인기를 모으고 있지요. 과일이나 시럽을 첨가하여
맛을 한층 업그레이드하는가 하면 꽃, 과일, 허브 등을 적극 활용해
비주얼로도 화려한 메뉴가 많이 등장합니다.

SIGNATURE TEA&HERB-TEA
=BASE+∂

티앤허브티 시그니처 메뉴의 기본은 녹차와 홍차, 그리고
허브티입니다. 음료 베이스는 입자가 작은 말차나
CTC홍차처럼 개성 강한 타입이 즐겨 쓰지만, 종종 깊이 있는
차의 맛과 향을 위해 잎차를 사용하기도 합니다. 최근에는
컬러풀한 허브티를 베이스로 한 시그니처 메뉴가 인기를
모으고 있습니다.

BASE

녹차

녹차는 상쾌하고 고소하며 부드러운 맛을 가졌습니다. 우전이나 세작 같은 고급 녹차는 스트레이트티로 즐기고 음료 베이스용으로는 말차나 가향녹차를 추천합니다. 가루녹차는 일반 가루녹차와 말차로 나눌 수 있는데, 일반 가루녹차는 덖어서 만든 녹차를 가루로 만든 것이고 말차는 차광재배한 녹차를 증기로 쪄서 말린 뒤 미세하게 갈아놓은 것을 말합니다.

홍차

홍차는 분쇄된 형태에 따라 잎홍차와 CTC홍차로 나눌 수 있습니다. 차를 잘게 부수어 놓은 잎홍차와 달리 CTC홍차는 차를 자르고 으깨 뭉쳐놓은 모양이지요. 잎홍차는 부드럽고 진한 향이 좋아 스트레이트티로 즐기기 좋고, CTC홍차는 짧은 시간에 우러나 진한 홍차나 티백, 또는 베리에이션 음료를 만들 때 적합합니다.

허브티

허브는 가향하지 않아도 맛과 향이 다양해 음료에 다방면으로 쓰이고 있습니다. 붉은 수색의 히비스커스, 레몬즙 같은 산성 성분을 만나면 핑크빛을 내는 로즈페탈, 상큼한 향을 내는 레몬밤 등이 대표적인 허브 베이스입니다. 허브는 약용성분이 있으니 오랜 기간 한 가지를 장복하기보다 여러 가지 허브를 주기적으로 바꿔가며 마시는 것이 좋습니다.

➕ 물

손가락 한 마디 정도의 잎차를 사용하면 차의 특유의 향과 부드러운 맛을 잘 느낄 수 있습니다. 물의 성분도 중요한데 연수를 이용해 시간과 용량, 온도를 지켜주어야 합니다.

➕ 우유

CTC홍차나 말차처럼 캐릭터가 강하고 색이 진한 것이 좋습니다. 잎이 작을수록 우려지는 표면이 많아져 우유에 차의 향이 더 베일 수 있기 때문이지요. 지방함량이 높아 고소한 맛을 내는 일반 우유를 사용합니다.

➕ 탄산

허브는 각각의 색이 있어 화려한 비주얼 연출이 가능합니다. 여름 음료에 특히 잘 어울리지요. 색이 아름답고 타닌이 없어 탄산수에 넣으면 마치 탄산음료 느낌을 줍니다.

SIGNATURE TEA&HERB-TEA = BASE
추출하기

음료의 베이스용 티를 우릴 때는 찻잎 타입에 따라 기준이
달라집니다. 녹차와 홍차, 허브티별로 물의 온도, 시간, 양이
달라지는 건 물론 찻잎의 분쇄도에 따라 방법도 다르지요.
커피에 비해 맛이 강렬하지 않은 티는 우리는 단계에서 보다
신경을 써야합니다.

BASE 추출하기:
잎녹차

잎녹차는 우리는 물의 온도가 맛에 큰 영향을 줍니다. 보통 한 김 식힌 75℃로 맞추는데, 팔팔 끓인 물을 다른 컵이나 포트로 3~4회 옮겨 담았을 때의 온도입니다. 물의 온도가 너무 높으면 찻잎에서 쓴 맛이 많이 추출되므로 반드시 온도를 지켜주세요. 음료 베이스용 잎녹차의 경우 스트레이트티로 즐길 때보다 우리는 시간을 늘리거나 차의 양을 늘려 진한 맛으로 준비해야 합니다. 찻잎의 질에 따라 두세 번 정도 200ml 의 물을 더 첨가해서 우려도 좋습니다.

1 티포트에 팔팔 끓인 물을 절반이 차도록 부어 예열합니다.

2 잎녹차 3g을 예열한 티포트에 넣습니다.

3 팔팔 끓여 한 김 식힌 75℃의 물 200ml를 ②에 넣습니다.

4 타이머를 맞춰 1분30초간 우립니다.

5 거름망에 걸러 차를 따릅니다.

BASE 추출하기:
말차

말차로 메뉴를 만들 때는 원산지를 확인하세요. 일본산보다는 국내에서 재배 유통되는 것을 사용하길 권장합니다. 녹차를 가루로 만든 것보다 차광재배한 말차를 물에 개어 사용하는 게 좋습니다. 미리 만들어두면 색이 변하므로 즉석에서 개어 베이스를 만듭니다. 설탕이 들어가는 말차 베이스를 만들 때는 말차에 설탕을 미리 섞고나서 물에 개면 말차시럽 같은 효과를 낼 수 있습니다.

1 용기에 팔팔 끓인 물을 절반이 차도록 부어 예열합니다.

2 가루녹차를 섞는 솔인 차선을 따뜻한 물에 적십니다.

3 가루녹차 2~3g을 예열한 용기에 넣습니다.

4 ③에 뜨거운 물 2작은술 정도를 넣고 차선으로 곱게 개어줍니다.

5 끓는 물 50~60ml를 붓습니다.

6 차선으로 M자를 그리며 잘 섞어줍니다.

BASE 추출하기:
잎홍차

잎차로 된 홍차를 가장 맛있게
우려내는 공식을 일컬어 '골든룰'이라
부릅니다. 룰의 핵심은 '333'인데,
'홍차 3g을 물 300ml에 3분간
우린다'는 의미입니다. 반드시 뜨거운
물로 다기를 예열한 뒤에 차를 우려야
찻물의 온도가 유지되어 차가 잘
우려집니다. 골든룰을 지켜 우려낸
홍차는 따뜻한 홍차 음료를 만들기에
적합합니다. 한 번 정도 300ml의 물을
더 첨가해서 우려도 좋습니다.

1 티포트에 팔팔 끓인 물을 절반이 차도록 부어 예열합니다.

2 홍차 3g을 예열한 티포트에 넣습니다.

3 팔팔 끓여 식힌 90℃의 물 300ml를 ②에 넣습니다.

4 찻잎이 크다면 3분, 잎이 분쇄되어 있다면 2분간 우립니다.

5 거름망에 걸러 차를 따릅니다.

BASE 추출하기:
냉침홍차

홍차는 타닌 성분이 많이 들어 있어 그 맛에 익숙하지 않으면 뜨겁게 마셨을 때 혀가 조여드는 느낌을 받을 수 있습니다. 그럴 때는 냉침홍차를 즐겨보세요. 냉침을 하면 타닌 성분이 덜 우러나와 수월하게 차를 즐길 수 있습니다. 특히 냉침홍차를 사용한 아이스티는 부드러운 맛과 향이 일품이지요. 냉침은 8~12시간이 적당합니다. 그 이상 3~4일 냉침해 차를 우리면 맛에 변화가 오므로 주의하세요.

1 뚜껑이 있는 적당한 용기를 준비합니다.

2 물 500ml를 붓습니다.

3 잎차 4~5g을 ②에 넣습니다.

4 뚜껑을 잘 닫아 밀폐한 뒤 냉장고에 두어 8~12시간 침지시킵니다.

5 냉장고에서 꺼내 잘 흔들어주세요.

6 거름망에 걸러 차를 따릅니다.

BASE 추출하기:
허브티

모든 허브티는 한 번 우렸을 때
유효성분이 모두 추출되므로 두세
번 우리지 않습니다. 한 가지 종류를
장기적으로 마시는 것보다 여러
가지 허브를 즐기는 것이 좋으며, 1회
2~3g씩 하루 6g 정도 섭취하는 것을
권장합니다. 잎의 크기에 따라 우리는
시간을 조절하는데 작게 잘려진 잎은
4분, 원형이 보존된 잎은 7분 정도
우려야합니다. 물의 온도는 90℃가
적합합니다.

1   티포트에 팔팔 끓인 물을 절반이 차도록 부어 예열합니다.

2   허브를 2g을 예열한 티포트에 넣습니다.

3   90℃의 물 300ml를 ②에 붓습니다.

4   잎크기에 따라 4~7분 우립니다.

5   거름망에 걸러 허브티를 따릅니다.

SIGNATURE TEA&HERB-TEA = BASE + MILK

다양한 티베리에이션 메뉴가 등장하면서
차와 우유의 만남은 이제 카페라떼 만큼이나
자연스러운 메뉴가 되었습니다. 밀크티를 필두로
홍차뿐만 아니라 녹차, 허브티에 이르기까지
다양한 티라떼 메뉴가 출시 중입니다. 차 본연의
캐릭터를 잃지 않는 맛있는 티라떼를 위한 우유의
비율을 소개합니다.

○ 녹차라떼 〔 녹차:우유 = 1:50 〕

녹차라떼는 차광재배한 녹차를 갈아놓은 말차를
사용합니다. 수입산보다는 제주도 유기농 말차를
즐겨 쓰지요. 수입산 베이킹용은 클로렐라 가루가
섞여 있어 색은 진하지만 녹차 특유의 풍미가 조금
떨어집니다. 말차 베이스의 음료는 어느 정도 시간이
지나면 입자가 가라앉으므로 음용 시 잘 저어야
합니다. 우유를 조금 넣고 개어 사용합니다.

○ 홍차라떼(밀크티) 〔 홍차:우유 = 1:30 〕

홍차라떼인 밀크티를 만들 때는 큰 잎의 차보다는
잘게 잘려 있는 잎차 베이스가 적당합니다. 홍차
등급이 'BOPF'라고 표기되어 있다면 밀크티를
만들기에 적합합니다. 우유는 홍차의 타닌 성분을
가리는 성질이 있으므로 라떼 베이스용 홍차를 우릴
때는 시간을 2배 이상 늘려주세요. 그래야 차의 향과
맛이 느껴지는 밀크티를 만들 수 있습니다.

○ 차이라떼 〔 홍차:우유 = 1:25 〕

조금 특별한 홍차라떼인 차이라떼는 밀크티에
향신료를 넣어 만드는 음료입니다. 홍차의 양은
향신료를 포함한 양으로 시나몬, 정향 등이 주로
쓰입니다. 향신료가 익숙치 않은 국내에서는 펜넬,
아니스, 큐민 등처럼 향이 강한 향신료는 피하거나
양을 줄여 넣습니다. 우리는 것보다는 끓여 마시고,
차가운 음료보다는 따뜻한 음료가 정석입니다.

○ 허브라떼 〔 허브티:우유 = 1:50 〕

밀크티의 다양화로 인해 허브를 넣은 밀크티가 많이
출시되고 있습니다. 허브는 홍차나 녹차보다 방대한
카테고리를 가지고 있기에 맛과 향 또한 다양합니다.
그중에는 라벤더나 페퍼민트처럼 우유와 매칭이 좋은
허브가 있는 반면 그렇지 못한 허브도 있습니다. 특히
산도가 강한 히비스커스는 우유 단백질을 분리시켜
우유와의 베리에이션은 피하는 게 좋습니다.

BASE 녹차

HOT & COOL

단팥말차오레

설탕 대신 단팥으로 맛을 낸 말차 음료입니다. 계절에 상관없이 즐기기
좋지요. 아이스 음료는 녹차빙수 느낌이 들고, 따뜻한 음료는 녹차맛 단팥죽
같은 메뉴입니다. 단팥은 수입산에 비해 당도가 낮고 팥 고유의 향이 진한
국내산 통단팥을 사용하세요.

ASSEMBLE

Tea Base
말차 4g, 설탕 8g, 뜨거운 물 20ml

Liquid Cool
우유 200ml COOL 얼음 1/3컵

Syrup
단팥 20~25g

Garnish
HOT 소프트크림 1스쿱 P025 참조
팥알 약간

RECIPE

1　말차와 설탕을 넣고 섞는다.

2　80℃의 뜨거운 물 20ml를 부어 말차설탕을 잘 개어준다.

3　단팥 20g을 넣어 한 번 더 고루 섞는다.

4　우유 200ml를 뜨겁게 데워 ③에 붓는다.

5　소프트크림을 올리고 팥알을 올려 마무리한다.

1　말차와 설탕을 섞어 준비한다.

2　80℃의 뜨거운 물 20ml를 부어 말차설탕을 잘 개어준다.

3　우유 200ml에 잘 개어진 ②의 말차시럽을 넣어 섞는다.

4　준비한 잔에 단팥 25g과 얼음을 넣는다.

5　얼음 위로 ③을 붓는다. 음용 전 고루 섞는다.

말차플로트

빛을 차단하여 재배한 녹차를 곱게 분쇄한 것을 '말차'라고 합니다.
말차를 우유에 섞어 말차우유를 만들고 그 위에 아이스크림 한 스쿱을
올려 진한 말차라떼를 만들었어요. 아이스크림이 녹으면서 진하고
달콤한 음료를 맛 볼 수 있습니다.

ASSEMBLE

Tea Base
말차 6g, 설탕 10g, 뜨거운 물 30ml

Liquid
우유 220ml, 얼음 1/2컵

Syrup
바닐라아이스크림 1스쿱

Garnish
말차가루 약간

RECIPE

1 말차와 설탕을 섞어 준비한다.

2 80℃의 뜨거운 물 30ml를 부어 말차설탕을 잘 개어준다.

3 우유에 ②를 넣어 고루 섞는다.

4 준비한 잔에 얼음을 채우고 ③을 붓는다.

5 바닐라아이스크림을 올린 뒤 말차가루를 뿌려 마무리한다.

─── TIP

녹차아이스크림에는 화이트초콜릿 매치
바닐라아이스크림 대신 녹차아이스크림을
사용해도 좋습니다. 녹차아이스크림을 올릴
때는 말차가루 대신 화이트초콜릿을 가니시로
올려주세요.

BASE 녹차

HOT

호지유자차

일본 교토에서 유명해진 호지차는 녹차를 센 불에 볶아 만든 차입니다.
질이 좋은 녹차보다는 한 단계 낮은 엽차를 볶는데 구수한 맛이
특징이지요. 호지차를 뜨겁게 우려 새콤달콤한 유자차와 섞어 마시면
목가적인 맛의 매력인 차가 됩니다.

ASSEMBLE

Tea Base
호지차 2g, 뜨거운 물 180ml

Syrup
유자청 20g

Garnish
유자청 건더기 약간

RECIPE

1 준비한 티포트와 잔을 뜨거운 물에 담갔다 빼거나 전자레인지에
30초간 돌려 예열한다.

2 티포트에 호지차 2g을 넣고 80℃의 물 180ml를 부어 3분간 우린다.

3 뜨겁게 예열된 잔에 유자청을 넣는다.

4 ③에 우린 호지차를 넣고 잘 섞는다.

5 유자청 건더기를 장식으로 올려낸다.

―――――――――― **TIP**

녹차로 호지차 맛내기
호지차가 없다면 집에 있는 녹차를 갈색이 될
때까지 팬에 덖어 사용하세요. 단시간에 높은
온도로 가열하므로 온도에 주의해야 합니다.

키위그린티

남녀노소가 좋아하는 키위와 녹차로 만든 메뉴입니다. 차의 타닌이
음료의 무게감을 잡아주어 색다른 느낌을 내지요. 키위를 음료
베이스로 사용할 때는 당도 높은 수입산을 선택하세요. 골드키위보다는
그린키위를 추천합니다.

ASSEMBLE

Tea Base
말차 3g, 설탕 15g

Liquid
물 100ml, 얼음 1/2컵 **음료 믹스용**
얼음 1/3컵

Syrup
키위 2개

Garnish
키위 슬라이스 1개

RECIPE

1 말차와 설탕을 섞어 준비한다.

2 키위 2개는 껍질을 벗긴다.

3 블랜더에 물 100ml, 얼음 1/2컵, 껍질 벗긴 키위를 넣고 저속으로
   간다.

4 반쯤 갈렸을 때 ①의 말차설탕을 넣고 키위 씨앗이 갈리기 전까지
   간다.

5 준비한 잔에 얼음 1/3컵을 채우고 ④를 붓는다.

6 키위 슬라이스를 장식으로 올린다.

TIP

키위와 요구르트 궁합도 좋아
키위를 먹을 때 속이 쓰리다면 물 대신 우유나
플레인요구르트를 넣어보세요. 우유를 넣으면
맛이 부드럽고 요구르트를 넣으면 달콤하고
새콤해집니다.

BASE 녹차

COOL

머스켓그린티

샤인머스켓 포도가 큰 사랑을 받고 있습니다. 일반 청포도에 비해
당도가 높고 특유의 강한 향으로 음료 메뉴로도 많이 개발되고
있지요. 머스켓 향의 녹차로 만든 시원한 머스켓그린티
한 잔이면 더위를 날려버릴 수 있습니다.

ASSEMBLE

Tea Base
티젠 머스켓녹차 티백 1개
뜨거운 물 50ml

Liquid
플레인탄산수 180ml, 얼음 1컵

Syrup
로즈시럽 30g ^{P246 참조}

RECIPE

1 머스켓이 가향된 녹차 티백을 80℃의 뜨거운 물 50ml에 3분 우린다.

2 우린 녹차는 냉장고에 넣어 차게 식힌다.

3 준비한 잔에 로즈시럽을 넣는다.

4 얼음을 채우고 플레인탄산수를 붓는다.

5 냉장고에서 쿨링된 녹차를 꺼내 따른다.

=================== TIP

자스민시럽과도 매칭
과일과 꽃의 조화는 언제나 기분좋은 향입니다.
로즈시럽이 없다면 자스민 향이 나는 시럽을
넣어도 잘 어울려요.

자스민자몽

단언컨대 자스민 차를 가장 맛있게 마시는 방법은 자몽과 함께입니다.
자스민차는 미리 우려 놓아도 그 향이 금방 없어지지 않아 병입음료로
활용하기도 좋지요. 설탕에 절인 자몽절임과 생 자몽을 차에 넣고
얼음과 함께 마시면 세상에서 가장 청량한 음료가 됩니다.

ASSEMBLE

Tea Base
자스민녹차 4g, 뜨거운 물 150ml

Liquid
얼음 1컵

Syrup
자몽절임 30g ^{P251 참조}

Garnish
자몽 슬라이스 1/2개, 민트류 허브 약간

RECIPE

1 자스민녹차 4g을 80℃의 뜨거운 물 150ml에 3분 우린다.

2 준비한 잔에 자몽절임을 넣고 잘 으깬다.

3 ②에 얼음을 가득 채우고 우린 녹차를 부어 차게 식힌다.

4 자몽 슬라이스를 음료 위에 올린다.

5 민트류의 허브를 얹어 마무리한다.

─────────── TIP

자스민가향 녹차 선택법
같은 자스민이라도 함유 성분에 따라 향의
강도에 차이가 있습니다. 자스민꽃보다는
자스민오일이 가향된 녹차를 선택하세요.
자스민펄 녹차는 더욱 좋습니다.

BASE 녹차

COOL

키켓그린티

바삭한 과자에 녹차 초콜릿이 코팅된 키켓을 더욱 맛있게 먹는
방법입니다. 여러 가지 초콜릿과자와 아이스크림을 활용해도 좋아요.
녹차아이스크림과 함께 파르페처럼 즐겨보세요.

ASSEMBLE

Tea Base
말차 5g, 설탕 18g, 뜨거운 물 30ml

Liquid
우유 200ml

Syrup
녹차아이스크림 2스쿱

Garnish
키켓초콜릿 3~4개, 딸기 1~2개
민트류 허브 약간

RECIPE

1   말차와 설탕을 섞어 준비한다.

2   80℃의 뜨거운 물 30ml를 부어 말차설탕을 잘 개어준다.

3   우유에 ②를 넣고 섞는다.

4   준비한 볼에 녹차아이스크림을 넣고 키켓초콜릿, 딸기, 허브로
장식한다.

5   ③을 부어가며 초콜릿과 아이스크림을 즐긴다.

TIP

과일 토핑으로 볼륨감 있게 연출
과자나 쿠키뿐만 아니라 과일을 토핑하면 더욱
볼륨감 있는 비주얼을 연출할 수 있습니다. 딸기,
키위, 체리, 청포도 등이 어울려요.

샷밀크티

진한 홍차로 만든 밀크티에 에스프레소 샷을 추가해 즐기는 메뉴입니다.
홍차의 타닌과 커피가 만나 독특한 향과 맛을 내주지요. 밀크티만으로는
뭔가 부족하다고 느끼는 분에게 추천합니다. 잉글리시 브렉퍼스트나
얼그레이로 밀크티를 만드세요.

ASSEMBLE

Tea Base
플레즈나 잉글리시브렉퍼스트홍차
티백 1개, 에스프레소 40ml

Liquid
우유 300ml, 얼음 1/2컵

Syrup
밀크티베이스 35ml P240 참조

RECIPE

1 티백 1개를 90℃의 뜨거운 물 30ml에 넣어 5분간 우린다.

2 차가운 우유를 붓고 티백을 스퀴즈해 제거한다.

3 밀크티베이스를 모두 넣고 섞는다.

4 에스프레소 40ml를 추출한다.

5 준비한 잔에 얼음을 채우고 먼저 ③을 부은 뒤 추출한 에스프레소를
붓는다.

TIP

블랙커피로 대체 가능
에스프레소 머신이 없다면 블랙커피 4g을 뜨거운
물 40ml에 녹여 사용하세요. 핸드드립이나
더치커피를 넣으면 음료가 너무 묽어질 수
있으니 주의하세요.

BASE 홍차

COOL

블랙슈거아쌈

진한 아쌈홍차를 우려 흑당으로 단맛을 채운 메뉴입니다. 처음에는 강한
단맛에 놀라기 쉽지만 몇 번 맛보다 보면 시럽을 넣은 아메리카노보다
달콤하고 감미롭게 느껴져요.

ASSEMBLE

Tea Base
홍차 5g, 뜨거운 물 200ml

Liquid
얼음 1컵

Syrup
흑당 15g

Garnish
민트류의 허브 약간

RECIPE

1 아쌈홍차 5g을 90℃의 뜨거운 물 200ml에 넣어 3분간 우린다.

2 흑당을 우린 홍차에 넣어 녹인다.

3 준비한 잔에 얼음을 가득 채우고 ②를 걸러 넣고 차게 식힌다.

4 민트류의 허브로 장식한다.

TIP

진한 홍차 맛을 원하면 아쌈CTC 사용
홍차의 농도를 조절해서 만들어보세요. 강한
맛을 원한다면 아쌈CTC를, 마일드한 맛을
원한다면 아쌈잎차를 사용하세요. 아쌈잎차는
우리는 시간을 5분으로 늘려줍니다.

하프앤하프

골프선수 아놀드 파머가 즐겨 마시던 아이스티로 아이스 홍차와
레몬에이드를 반반씩 섞어 만든 음료입니다. 탄산이 가득할수록 티의
캐릭터가 살아나므로 탄산수를 미리 차갑게 쿨링해 사용하세요. 잔에
레몬에이드, 아이스홍차 순으로 넣어야 층이 잘 나뉩니다.

ASSEMBLE

Tea Base
홍차 3g, 물 150ml

Liquid
탄산수 100ml, 얼음 1/2컵

Syrup
레몬 1/4개, 레몬시럽 20g P248 참조

Garnish
레몬 슬라이스 1개, 민트류의 허브 약간

RECIPE

1 물 150ml에 홍차 3g을 넣고 밀봉해 냉장고에서 12시간 냉침한다.

2 탄산수 100ml에 레몬시럽 20g, 레몬 1/4개를 스퀴즈해 레몬에이드를
   만든다.

3 넉넉한 컵을 준비해 얼음을 채운다.

4 ③에 만들어둔 레몬에이드를 절반이 차도록 붓는다.

5 냉침한 홍차를 거름망에 걸러 ④에 넣는다.

6 레몬 슬라이스와 허브로 장식한다.

=== TIP ===
레몬은 라임으로 대체 가능
레몬 대신 라임을 사용해 만들어도 청량감이
돋보이는 음료를 만들 수 있습니다. 레몬시럽은
동량 그대로, 레몬 1/4개는 라임 1/4개로
대체하세요.

BASE 홍차

HOT & COOL

다크밀크티

진한 밀크티 베이스를 사용해 다크한 밀크티를 만들었습니다. 시판 중인
파우더나 시럽 등을 이용하면 차를 우리거나 냉침하는 수고를 덜 수도
있지요. 아주 진한 밀크티를 만들고 싶으면 아쌈CTC 티백을 사용하세요.

ASSEMBLE

Tea Base
플레즈나 룰레콘데라홍차 티백 1개
뜨거운 물 30ml

Liquid
우유 200ml COOL 얼음 1/2컵

Syrup
밀크티베이스 25~35ml P240 참조

RECIPE

1 준비한 티포트와 잔을 뜨거운 물에 담갔다 빼거나 전자레인지에
   30초간 돌려 예열한다.

2 예열한 티팟에 티백 1개와 뜨거운 물 30ml를 넣어 5분간 우린다.

3 ②의 티백을 제거하고 밀크티베이스 25ml를 넣고 섞는다.

4 우유를 데워 넣고 시럽이 아래로 가라앉지 않게 잘 섞는다.

1 티백 1개를 90℃의 뜨거운 물 30ml에 넣어 5분간 우린다.

2 차가운 우유를 ①에 붓는다.

3 스푼 두 개를 이용해 티백을 스퀴즈하여 제거한다.

4 밀크티베이스 35ml를 넣어 잘 섞는다.

5 준비한 잔에 얼음을 채우고 ④를 붓는다.

이스파한블랙티

여러 종류의 홍차가 있다면 리블랜딩의 묘미를 즐겨보세요. 장미 향이
도는 홍차와 라즈베리 홍차를 블랜딩하고 그 둘 사이를 달콤한 리치로
연결합니다. 마치 피에르에르메의 이스파한 마카롱을 맛보는 기분이
들지요. 달콤한 마카롱과 함께한다면 더욱 좋습니다.

ASSEMBLE

Tea Base
아마드 라즈베리향홍차·플레즈나
장미향홍차 티백 1개씩
뜨거운 물 300ml

Syrup
리치시럽 10ml

RECIPE

1 준비한 티포트와 잔을 뜨거운 물에 담갔다 빼거나 전자레인지에
30초간 돌려 예열한다.

2 홍차 티백 2개를 티포트에 넣고 90℃ 물 300ml를 부어 1분간 우린다.

3 뜨겁게 예열된 잔에 리치시럽 10ml를 넣는다.

4 ③에 우린 차를 붓고 잘 섞어낸다.

=========== TIP

우유 넣어 밀크티로 즐기기
티를 우유에 우려 밀크티로 즐겨도 좋습니다.
밀크티로 즐길 때엔 아쌈홍차 3g, 설탕 10g을
추가하세요. 맛이 깊어지고 달콤해집니다.

BASE 홍차

HOT & COOL

자스민 NO.5

자스민으로 만든 밀크티는 어떤 맛일까요? 자스민홍차와 로즈홍차를
섞어 향수를 머금은 듯 향기로운 밀크티를 만들어보세요. 클래식
밀크티의 단조로움이 화사한 꽃 향으로 채워집니다. 로즈홍차가 없다면
로즈시럽 10g을 넣어주세요. 이때는 로즈홍차 분량만큼 아쌈을 늘리고
설탕은 5g 줄여줍니다.

ASSEMBLE

Tea Base
자스민홍차 4g, 로즈홍차 2g, 아쌈 3g
우유 250ml

Liquid
HOT 물 50ml COOL 얼음 1컵

Syrup
설탕 18~20g

Garnish
소프트크림 1큰술 P025 참조

RECIPE

1 냄비에 우유 250ml와 물 50ml를 붓는다.

2 불에 올려 끓어오르기 직전까지 가열한다.

3 불을 끄고 자스민홍차 4g, 로즈홍차 2g, 아쌈 3g을 넣는다.

4 ③에 설탕 18g을 넣고 3분간 우린 뒤 거름망에 거른다.

5 준비한 잔을 뜨거운 물에 담갔다 빼거나 전자레인지에 30초간 돌려
  예열한다.

6 예열한 잔에 ④를 따르고 소프트크림을 넣어 부드러운 맛을
  추가한다.

1 냄비에 우유 250ml를 붓는다.

2 불에 올려 끓어오르기 직전까지 가열한다.

3 불을 끄고 자스민홍차 4g, 로즈홍차 2g, 아쌈 3g을 넣는다.

4 ③에 설탕 20g을 넣고 3분간 우린 뒤 거름망에 거른다.

5 준비한 잔에 붓고 얼음을 채워 차갑게 즐긴다.

마샬라차이티

겨울철 카페 인기 메뉴 중 하나가 홍차에 가람마샬라 향신료를 더한
마샬라차이티입니다. 스파이스 허브를 따로 준비하기 어렵다면 마샬라
향이 가향된 마샬라홍차를 사용하는 것도 방법입니다. 마샬라차이티는
냉침보다는 보글보글 끓여 마시는 게 더 맛있습니다.

ASSEMBLE

Tea Base
아크바 마샬라홍차 7g
우유 300ml, 물 50ml

Syrup
설탕 18g

Garnish
소프트크림 1스쿱 P025 참조

RECIPE

1 냄비에 우유와 물을 붓는다.

2 설탕을 넣고 불에 올려 끓어오르기 직전까지 가열한다.

3 마샬라홍차를 넣고 약한 불로 낮춰 3분간 끓인다.

4 준비한 잔을 뜨거운 물에 담갔다 빼거나 전자레인지에 30초간 돌려
예열한다.

5 ③의 불을 끄고 거름망에 걸러 예열한 잔에 담는다.

6 소프트크림을 올려 완성한다.

===================== TIP

생강과도 잘 어울려
이국적인 향신료와 우유의 만남이 낯설게
느껴진다면 생강 한 조각을 더해 끓여보세요.
마샬라와도 잘 어울리고 우리 입맛에도 친숙해
낯설지 않게 마샬라차이를 즐길 수 있어요.

BASE 허브티

COOL

디톡스아이스티

디톡스의 기본 허브로 꼽히는 펜넬은 티로 즐기기가 쉽지 않습니다. 다른 티와 섞거나 과일을 더하면 디톡스 효과는 그대로, 맛은 한결 편해집니다. 허브는 한 번 우렸을 때 대부분의 성분이 모두 추출됩니다. 두세 번 우리지 않습니다.

ASSEMBLE

Herb-Tea Base
펜넬·민트 각 1.5g씩, 물 200ml

Liquid
얼음 1컵

Syrup
자몽절임 20g P251 참조

Garnish
말린 레몬 슬라이스 1개
로즈마리 약간

RECIPE

1 90℃의 뜨거운 물 200ml에 펜넬과 민트를 넣어 5분간 우린다.
2 준비한 잔에 자몽절임을 넣는다.
3 ②에 얼음을 가득 채우고 우린 티를 넣는다.
4 말린 레몬 슬라이스를 얼음 위에 올리고 로즈마리로 장식한다.

TIP

허브티 1.5g = 티백 1개
가벼운 잎으로 구성된 허브티 1.5g은 대부분 티백 1개의 무게와 같습니다. 잎차가 없으면 티백을 사용해도 됩니다.

윈터핫펀치

여름에 어울리는 프루트펀치를 따뜻하게 마시는 방법입니다. 과일을
당절임해 펀치 향 티와 함께 끓여주세요. 크리스마스파티나 연말모임에
잘 어울리는 음료입니다. 시나몬 스틱 하나 퐁당 빠뜨려주는 센스도
잊지마세요.

ASSEMBLE

Herb-Tea Base
메쓰머 윈터펀치티 티백 1개
뜨거운 물 300ml

Syrup
과일절임 50g

Garnish
시나몬스틱 1개, 타임 1~2줄기

RECIPE

1   냄비에 뜨거운 물 300ml와 윈터핫펀치티 티백을 넣고 가열한다.

2   시트러스나 베리류의 과일을 당절임한다.

3   ①이 끓어오를 때 과일당절임을 넣어 전체적으로 끓어오를 때까지
끓인다.

4   티포트를 뜨거운 물에 담갔다 빼거나 전자레인지에 30초간 돌려
예열한다.

5   예열한 티포트에 ③을 담고 시나몬스틱을 꽂는다.

6   허브나 말린 레몬 또는 자몽, 오렌지 등으로 장식한다.

=== TIP ===

과일 당절임하기
과일절임을 만들어두면 시럽처럼 사용하기
좋습니다. 과일을 얇게 슬라이스한 뒤 과일 양
절반의 설탕을 넣어 절입니다. 실온에서 섞어
설탕이 모두 녹으면 사용합니다.

BASE 허브티

COOL

살구스파클링플로트

어렸을 적 먹던 아이스크림소다가 떠오르는 메뉴입니다.
블루큐라소시럽을 넣어 푸른빛 도는 허브티에 하얀 아이스크림을 더해
보기만 해도 마음이 들뜨지요. 달콤한 음료를 원한다면 탄산수 대신
탄산음료를 넣으세요.

ASSEMBLE

Herb-Tea Base
메스머 에프리콧허브티 티백 1개
뜨거운 물 40ml

Liquid
탄산수 180ml, 얼음 2/3컵

Syrup
설탕 10g, 블루큐라소시럽 10ml
바닐라아이스크림 1스쿱

Garnish
스프링클 약간

RECIPE

1   90℃의 뜨거운 물 40ml에 살구향 허브티 티백을 넣고 5분간 우린다.

2   우린 허브티에 설탕을 녹인다.

3   준비한 잔에 블루큐라소시럽을 넣는다.

4   ③에 얼음을 70% 채우고 ②와 탄산수를 붓는다.

5   바닐라아이스크림을 음료 위에 올린다.

6   알록달록한 스프링클로 장식한다.

=== TIP

넉넉한 크기의 잔을 선택
아이스크림을 탄산수 아래로 눌러 넣으면 하얀
거품이 일어나기 시작합니다. 조금 넉넉한
사이즈의 잔을 사용해 즐기세요.

오로라아이스

색이 변하는 마법의 허브가 있습니다. 블루멜로우라는 허브지요.
물에 우리면 짙은 잉크색인데 여기에 레몬의 산을 더하면 붉게
변하지요. 음용 직전에 레몬즙을 넣은 시럽을 부어 천천히 색의 변화를
감상하세요.

ASSEMBLE

Herb-Tea Base
해피티 블루멜로우 1.5g, 물 200ml

Liquid
얼음 1/2컵

Syrup
레몬즙 10ml, 레몬시럽 20ml ^{P248 참조}

RECIPE

1 차가운 물 200ml에 3분간 블루멜로우 1.5g을 우린다.

2 준비한 잔에 얼음을 채우고 우린 차를 붓는다.

3 작은 병을 준비해 레몬시럽에 레몬즙을 섞어 넣어둔다.

4 음용 직전에 ②에 ③을 천천히 부어 색이 변하는 과정을 감상한다.

5 색이 모두 변하면 잘 섞어 음용한다.

TIP

꼭 차가운 물로 우려야
블루멜로우티는 뜨거운 물로 우릴 때와 차가운
물로 우릴 때 그 색상이 달라집니다. 뜨거운
물에서는 보라색이 우러나지만 차가운 물에서는
파란색을 띕니다.

BASE 허브티

HOT & COOL

카카오소이

우유 대신 두유에 차를 우린 허브티입니다. 두유에 초콜릿 향이 나는
차를 넣어 보글보글 끓여보세요. 두유를 잊을 정도로 달콤한 카카오 향이
매력적이랍니다. 가당된 두유를 사용한다면 설탕을 넣지 않아도 됩니다.
더 달콤한 맛을 원한다면 초콜릿시럽 10ml를 넣어주세요.

ASSEMBLE

Herb-Tea Base
베티나르디 카카오마시멜로티 5g
두유 200ml

Liquid
COOL 얼음 1/2컵

Syrup
설탕 12~15g COOL 초콜릿시럽 10ml

Garnish
HOT 카카오마시멜로티 약간
COOL 마시멜로 3~4개

RECIPE

1 냄비에 두유 200ml를 붓고 끓인다.

2 끓어오르면 불을 끄고 카카오마시멜로티를 넣어 5분간 우린다.

3 준비한 잔을 뜨거운 물에 담갔다 빼거나 전자레인지에 30초간 돌려
   예열한다.

4 다시 1분간 약한 불로 데워 설탕 12g을 녹인 뒤 예열한 잔에 담는다.

5 카카오마시멜로티를 조금씩 넣어가며 장식한다.

1 적당한 밀폐용기에 두유 200ml와 설탕 15g, 준비된 티를 넣는다.

2 냉장고에 두고 12시간 동안 냉침한다.

3 준비한 잔에 얼음을 채우고 냉침한 티 베이스와 초콜릿시럽을
   넣는다.

4 마시멜로를 토치로 살짝 그을린다. 토치가 없다면 집게로 잡아
   가스불에 살짝 그을린다.

5 ③ 위에 그을린 마시멜로를 올려낸다.

히비스커스스쿼시

수색이 아름다운 허브 히비스커스를 사용하여 과일 없이 스쿼시를
만듭니다. 단맛을 더하지 않아 맛이 단조롭게 느껴질 수 있는데, 너무
밋밋하다면 소량의 레몬즙을 첨가해주세요. 차가운 물에 1~2시간 미리
우려두면 더 선명한 색의 티 베이스를 만들 수 있습니다.

ASSEMBLE

Herb-Tea Base
히비스커스 3g, 뜨거운 물 80ml

Liquid
탄산음료 180ml, 얼음 1컵

Garnish
라임 1조각, 민트류의 허브 1줄기

RECIPE

1 90℃의 뜨거운 물 80ml에 히비스커스를 넣고 10분간 우린다.
2 준비한 잔에 얼음을 가득 채우고 우린 히비스커스티를 붓는다.
3 냉장보관한 차가운 탄산음료를 붓는다.
4 라임 조각과 민트로 장식한다.

TIP

레몬필을 넣고 우리면 향이 풍부해져
히비스커스의 맛이 단조롭게 느껴진다면 차를
우리는 과정에서 레몬필을 조금 넣어보세요.
향과 맛이 풍부해집니다. 레몬필은 레몬 1/10개
분량이 적당합니다.

FLAVOR

우유크림 향, 카카오 향, 위스키나 꼬냑 등의 리큐어 향이 음료에 많이 사용되고 있습니다. 고가의 천연 바닐라빈의 소비가 늘어나는 것처럼 음료에서 향이 차지하는 비중이 점차 커지고 있습니다.

COLOR

녹색은 말차, 노란색은 커큐민, 파란색은 블루멜로우 등 천연의 재료에서 색을 얻어냅니다. 같은 색이라도 맑은 물에 색을 섞을 때와 우유 빛에 색을 섞을 때 다른 느낌을 주지요. 음료의 성질과 디자인을 미리 생각해두고 음료의 베이스를 정하는 것도 방법입니다.

TASTE

냉동 과일보단 계절과일 사용을 선호하며 딸기나 블루베리, 체리, 복숭아 등 쉽게 구해서 먹을 수 있는 과일들이 많이 쓰입니다. 설탕에 살짝 절인 과일을 냉장보관했다가 음료에 넣는 등 과일의 자연스러운 맛을 강조합니다.

BEVERAGE

요즘 카페에 가면 커피, 티만큼이나 눈에 띄는 것이 베버리지 파트입니다. 최근에는 식사 대용의 포만감이 있는 우유나 두유를 사용한 논커피 메뉴가 강세입니다. 천연의 과일이나 채소를 이용하여 처음 보는 메뉴라도 거부감이 없이 다가가는 것이 특징이지요. 천연 재료로 만든 얼음으로 색과 향을 입힌 새로운 빙수도 끊임없이 선보이고 있습니다.

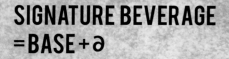

SIGNATURE BEVERAGE
=BASE+ə

커피와 티를 제외한 베버리지의 기본 베이스는 유제품과 탄산,
주스, 그리고 얼음입니다. 커피와 티 베리에이션 음료에 조금만
넣어도 큰 변화를 이끄는 리퀴드이지요. 단독으로도 충분히
매력적인 음료 베이스가 될 수 있는 주인공들입니다.

BASE

유제품
부드럽고 풍부한 맛을
내주는 유제품은 다양한
음료에 활용됩니다.
유제품은 크게 우유나
요구르트로 나뉘는데,
최근에는 요구르트
베이스의 음료가 두각을
나타내고 있지요.
요구르트는 떠먹는
타입과 마시는 타입이
있는데 전자는 토핑을
얹는 메뉴에 주로 쓰이고
후자는 스무디나 주스 등의
베리에이션 용도로 많이
사용합니다. 다만 우유나
요구르트 모두 유통기한이
짧고 냉장보관이
필수이므로 보관에
유의해야 합니다. 우유
대신 아몬드밀크나 두유를
사용하는 메뉴도 많아지고
있습니다.

탄산
탄산은 탄산수와
탄산음료가 있는데
그 구분은 단맛, 즉
가당 여부로 분류할
수 있습니다. 탄산수는
탄산음료보다 기포가 크고
거칠어 베리에이션용으로
적합하지만 별도의
단맛을 넣어야 하는
번거로움이 있지요.
플레인과 시트러스류의
과일맛이 있는데 보통
베이스용으로는 레몬맛을
즐겨 사용합니다.
탄산음료는 여러 가지
향이 존재하는데
베이스용으로는 기본
타입을 추천합니다. 탄산이
빠지지 않게 185ml 용량의
작은 캔을 사용하는 것을
추천합니다.

주스
베이스 주스 중 가장 많이
사용하는 게 오렌지주스와
사과주스입니다. 익숙한
맛으로 목 넘김이 좋아
청량감 있는 여름 음료를
만들 때 특히 활용하기
좋지요. 다른 재료에 큰
영향을 주지 않고 맛을
풍부하게 만들어줍니다.
또한 별도의 시럽을 넣지
않는 음료에 주스를 넣으면
당도를 잡아주어 밸런스를
맞춰주기도 하지요. 과즙
100%보다는 30~50% 섞인
것이 베리에이션 용도에
알맞습니다. 오렌지와
사과 외에도 파인애플이나
복숭아주스도 여러 음료에
사용됩니다.

얼음
아열대 기후로 변해가면서
얼음 베이스의 빙수가 카페
인기 메뉴로 자리잡고
있습니다. 부재료의 향이
돋보이던 빙수보다는
베이스인 얼음의 향이
중요한 부분을 차지하지요.
빙수얼음은 물로 만든
얼음과 우유로 만든 얼음
두 가지로 나뉘는데,
우유로 만든 얼음은
자체에 당도를 첨가할 수
있기에 빠른 시간 안에
빙수를 만들 수 있습니다.
최근에는 물에 다양한
허브를 넣고 얼려 비주얼에
포인트를 주기도 합니다.
말차나 각종 파우더를
물이나 얼음에 녹여 색다른
맛을 꾀한 얼음도 인기를
모으고 있습니다.

SIGNATURE BEVERAGE
= BASE 만들기

우유나 탄산 같은 시판제품을 제외한 베이스의
경우 집에서 직접 홈메이드로 만들어 사용해보세요.
음료의 맛이 훨씬 깊어집니다. 홈메이드 요구르트와
곤약젤리, 빙수얼음 등 여름 음료의 베이스를
손쉽게 만들 수 있습니다.

BASE 만들기:

빙수얼음
〔 얼음틀 12구 기준 〕

○ **연유우유얼음** 〔 우유 300ml + 연유 50ml 〕
일반 팥빙수나 산도가 적은 과일류 빙수에
어울립니다. 우유와 연유를 섞어 얼리는데 물을 얼릴
때보다 시간이 길게 소요되니 냉동실 온도를 최대한
낮춰 얼려주세요. 단단한 얼음이 되면 지퍼백에 넣어
보관합니다.

○ **요구르트우유얼음** 〔 우유 280ml + 요구르트 85g 〕
토마토와 같은 과채류의 재료가 들어가는 빙수를
만들 때 매칭합니다. 시판용이 아닌 홈메이드
요구르트를 사용할 때는 당분이 거의 없으므로
얼음틀 12구 기준으로 설탕 15g을 우유, 요구르트와
함께 섞어 얼려주세요. 맛의 포인트가 될 수 있습니다.

○ **말차우유얼음** 〔 우유 290ml + 녹차가루 6g + 연유 50ml 〕
녹차가루나 말차에 우유를 조금 넣고 개어준 뒤 나머지
우유와 연유를 넣고 섞습니다. 가루가 우유에 잘 풀리지
않을 때는 체에 걸러 완전히 푸는 것이 중요합니다. 연유
대신 설탕을 넣는다면 설탕 25g을 추가하세요. 가루녹차
특성상 얼음을 얼려도 가라앉으니 깊이가 낮은 얼음틀을
사용하세요.

○ **땅콩우유얼음** 〔 우유 300ml + 땅콩버터 60g + 설탕 10g 〕
땅콩맛 얼음을 만들 때는 먼저 우유 100ml와 땅콩버터를
함께 끓인 뒤 설탕과 나머지 우유를 넣어 차게 식혀
얼립니다. 이때 땅콩버터는 땅콩 덩어리가 없는 크림버터
타입을 사용해야 하며, 차가운 우유와는 잘 섞이지
않으므로 반드시 우유를 가열해 넣습니다. 달콤한 맛을
위해 캐러멜을 뿌려주면 더욱 좋은 맛을 냅니다.

BASE 만들기:

홈메이드
요구르트

주방 마감시간에 만들어두면
아침에 완성되는 요구르트입니다.
빙수 베이스로도 사용하고 토핑을
곁들여 식사대용의 메뉴를 만들어도
좋습니다. 완성된 요구르트를 다시
우유에 넣으면 새 요구르트를 만들
수 있으며 세 번 정도까지 만들기가
가능합니다. 이때 플라스틱이나
유리 재질의 용기를 사용해야
유산균이 활성화되어 요구르트가
잘 만들어집니다. 크림 같은 맛의
텍스처를 원할 때 음료에 넣으세요.

1   신선한 우유 900ml에 유산균 음료 150ml을 넣어 섞습니다.

2   뜨거운 물을 받아 우유통을 넣고 30분정도 중탕하듯 온도를 올려줍니다.

3   적당한 플라스틱 용기에 1회분씩 덜어줍니다.

4   보온이 유지되는 밥통이나 100℃로 예열하여 전원을 꺼놓은 오븐에 넣고
    8~12시간 둡니다. 완성된 요구르트를 확인한 뒤 밀봉해 냉장보관합니다.

BASE 만들기:

홈메이드
곤약젤리

음료를 마시며 씹히는 질감을 느끼고 싶을 때 젤리를 사용하면 좋습니다. 다양한 식감과 맛을 낼 수 있지요. 젤리의 특성상 뜨거운 음료와는 맞지 않고 차가운 음료에 포인트 재료로 넣습니다. 젤리를 만들 때는 곤약가루가 뭉치는 것을 풀어줘야 제대로 만들 수 있습니다. 여러 종류의 주스를 사용해 컬러와 맛에 차이를 주세요. 곤약가루 1포당 주스의 양은 600ml가 적당합니다.

1 곤약가루 1포(10g)를 준비합니다.

2 원하는 컬러와 맛에 맞춰 주스 600ml를 준비합니다.

3 냄비에 준비한 주스와 곤약가루를 풀면서 넣어 계속 저으면서 불을 켜고 약한 불에서 젓습니다.

4 끓어오르면 불에서 내려 몰드에 부어 냉장고에서 30분 정도 굳혀줍니다.

SIGNATURE BEVERAGE = BASE + FRUITS

우유와 주스, 탄산 베이스의 음료와 과일의 궁합은
최고입니다. 밋밋한 베이스에 향과 맛, 색을 더해주지요.
최근에는 과일뿐 아니라 채소를 넣은 색다른 시도도
계속되고 있습니다. 우유와 탄산, 주스, 얼음별로 어떤
과일과 어울리지는 알아봅니다.

◯ 우유 + 과일

생 과일보다는 설탕으로 삼투압을 한 과일절임을 넣어야
과일의 성분과 맛, 향이 우러나 우유에 잘 섞입니다.
베리류의 과일, 복숭아, 사과가 잘 어울립니다. 산이 많이
들어가는 시트러스류의 과일은 우유의 유청을 분리하기
때문에 적합하지 않습니다.

◯ 주스 + 과일

주스 베이스에는 향이 강한 과일을 넣는 것이 좋습니다.
대부분의 주스는 향이 있기에 캐릭터가 조금 흐린 과일을
넣으면 존재감을 잃기 십상입니다. 배나 사과보다는
레몬이나 오렌지, 체리, 딸기류의 과일과 매칭하세요.

◯ 탄산 + 과일

탄산은 시트러스류의 신맛이 나는 과일과 어울립니다.
시트러스 과일의 향은 겉껍질에 대부분 포함되어 있어
껍질을 넣는 것이 중요합니다. 껍질을 사용해야 하기에
세척에 주의해야 하며, 베이킹소다나 천연세재를 약간 푼
물에 살짝 담갔다가 흐르는 물에 헹궈 사용합니다.

◯ 얼음 + 과일

과일은 뜨거운 음료보다는 차가운 음료와 더욱 어울립니다.
다만 음료에 얼음을 넣으면서 온도가 급격히 떨어지면
과일의 향이 잘 나오지 않을 수 있으니 즙을 짜거나 갈아서
사용하기를 권합니다. 또 얼음이 녹으면 맛이 떨어질 수
있으니 일반 음료보다 베이스를 강하게 잡아줍니다.

BASE 유제품

COOL

그레놀라요구르트

그레놀라는 오트밀로 만들어 아침식사 대용으로 즐겨 먹습니다.
요구르트와 제철과일의 조합이라면 완벽한 영양의 균형을 이루는
한 끼가 되지요. 오트밀을 사용하여 손쉽게 그레놀라를 만들어보세요.
말린 과일이나 코코넛칩을 추가하면 좋습니다.

ASSEMBLE

Beverage Base
수제 요구르트 200g ^{P152 참조}

Sub Base
그레놀라 100g, 견과류 20g

Syrup
꿀 30g

Garnish
체리 2~3개, 식용꽃 3~4개
허브 1줄기

RECIPE

1 준비한 용기에 냉장보관한 요구르트를 넣는다.

2 그레놀라를 요구르트 위에 곁들인다.

3 꿀을 뿌리고 견과류를 얹어 마무리한다.

4 ③에 체리와 식용꽃과 허브를 올려 장식한다.

──────────── TIP

말린 무화과도 함께 곁들여
그레놀라와 잘 어울리는 과일 중 하나가
무화과입니다. 달거나 신맛이 강하지 않아
요구르트와 잘 어울려요. 말린 무화과를 잘게
잘라 올려도 좋아요.

BASE 유제품

COOL

딸기요구르트

우유 한 병과 유산균 음료만 있다면 손쉽게 요구르트를 만들 수
있습니다. 정성스럽게 만든 딸기잼과 함께라면 맛있는 딸기요구르트가
완성되지요. 요구르트에 식감을 주고 싶다면 딸기잼 대신 덩어리가 살아
있는 딸기콩포트를 만들어 넣으세요.

ASSEMBLE

Beverage Base
수제 요구르트 200g ᴾ¹⁵² 참고

Syrup
딸기콩포트 50g

Garnish
딸기 1개, 타임과 민트 약간
식용꽃 약간

RECIPE

1 준비한 용기에 딸기콩포트 50g을 넣는다.
2 그 위에 냉장보관한 요구르트를 담는다.
3 딸기를 반 갈라 장식용으로 사용한다.
4 포인트로 허브와 식용꽃을 얹어 마무리한다.

─────────── TIP

딸기콩포트 만들기
작은 딸기 500g 기준, 설탕 150g을 부어 반나절
동안 삼투압시킵니다. 설탕이 다 녹으면 냄비에
넣고 한소끔 끓여 다시 반나절 냉장보관합니다.
이후 시럽과 건더기를 분리해 시럽은 반으로
줄 때까지 가열하고 건더기는 한소끔 끓입니다.
유리병에 함께 담아 냉장보관합니다.

BASE 유제품

HOT & COOL

오곡라떼

추억의 미숫가루도 오곡라떼라는 시그니처 메뉴로 탄생되었습니다.
헤이즐넛시럽을 가미해 그 맛이 풍부해졌지요. 차가운 오곡라떼에
바닐라아이스크림 한 스쿱을 얹으면 부드럽고 고소한 맛이 두 배가
됩니다.

ASSEMBLE

Beverage Base
우유 200ml

Sub Base
미숫가루 30~40g

Liquid
COOL 얼음 1/2컵

Syrup
설탕 10~15g, 헤이즐넛시럽 10ml

Garnish
COOL 바닐라아이스크림 1스쿱
미숫가루 약간

RECIPE

1 미숫가루 30g에 설탕 10g을 섞는다.
2 냄비에 우유와 헤이즐넛시럽을 고루 섞어가며 뜨겁게 데운다.
3 준비한 잔에 ①을 담고 ②의 1/3을 넣어 잘 개어준다.
4 남은 ②를 모두 부어 섞는다.
5 음료 위에 우유를 데우고 남은 우유거품을 올려낸다.

1 미숫가루 40g에 설탕 15g을 섞는다.
2 우유에 헤이즐넛시럽을 고루 섞는다.
3 ①에 ②의 1/4을 넣고 잘 개어준다.
4 남은 ②를 모두 부어 섞는다.
5 준비한 잔에 얼음을 넣고 ④를 붓는다.
6 바닐라아이스크림을 올리고 미숫가루를 살짝 뿌려 마무리한다.

망고우유

달콤한 망고퓨레로 맛낸 망고우유는 간단하게 만들 수 있는 병입 메뉴
중 하나입니다. 냉동 망고로 망고퓨레를 만들어보세요. 덩어리보다는
갈아서 만드는 게 음료에 넣기 좋습니다. 퓨레는 당 함량이 10~20%는
반드시 냉동보관하고, 30~80%는 냉장보관을 권합니다.

ASSEMBLE

Beverage Base
차가운 우유 200ml

Syrup
망고퓨레 120g ^{P252 참조}

RECIPE

1 300ml 정도 들어가는 병을 준비한다.

2 병 안에 수분이 있다면 말끔히 제거한다.

3 망고퓨레를 병의 1/3정도가 차도록 넣는다.

4 ③을 기울여 준비한 차가운 우유를 병의 끝까지 담는다.

5 컬러층을 감상하다가 음용 직전에 흔들어준다.

============== TIP

망고퓨레 만들기
망고퓨레는 냉동 망고로 만듭니다. 냉동 망고
200g에 설탕 60g을 부어 자연해동시킨
뒤 설탕이 다 녹으면 믹서에 넣고 갈아주면
완성입니다. 일주일간 냉장보관해 드세요.

BASE 유제품

HOT

고구마수프라떼

소금과 치즈로 간을 해서 마치 떠먹는 스프처럼 만든 라떼입니다.
달달한 고구마에 조미료를 더해 짭조름한 식사대용 메뉴로
만들었지요. 기호에 맞춰 시나몬파우더나 파슬리를 뿌려도 좋고
감자를 사용해 감자수프라떼를 만들어도 좋습니다.

ASSEMBLE

Beverage Base
우유 180ml

Sub Base
삶은 고구마 100g

Liquid
물 50ml

Syrup
소금 1g, 설탕 8g, 체다치즈 1장

Garnish
체다치즈 1/2장, 시나몬스틱 1개
시나몬파우더 약간

RECIPE

1 삶은 고구마를 준비한다.

2 믹서에 삶은 고구마와 우유를 넣고 간다.

3 냄비에 ②와 물 50ml를 넣어 가열한다.

4 끓기 시작하면 소금과 설탕, 체다치즈를 넣고 살짝 끓여 불을 끈다.

5 준비한 잔에 ④를 붓고 체다치즈 1/2장을 잘게 잘라 뿌린다.

6 시나몬파우더와 시나몬스틱으로 장식한다.

───────────────── TIP

콜비잭치즈를 넣으면 더 맛나
간편함보다는 맛에 포커싱을 한다면 체다치즈
대신 흰색과 오렌지색이 섞인 콜비잭치즈를
넣으세요. 뜨거운 음료에 넣었을 때 잘 녹아
풍미도 높아집니다.

캐러멜팝콘쉐이크

바닐라쉐이크에 캐러멜팝콘을 넣어 만드는 메뉴입니다. 우유와
바닐라아이스크림, 캐러멜시럽의 조화가 아주 맛있습니다. 여기에 그냥
먹어도 맛있는 캐러멜팝콘을 장식하니, 비주얼도 만점 맛도 만점입니다.
한 번 맛보면 한동안 찾게 될 맛입니다.

ASSEMBLE

Beverage Base
우유 100ml

Sub Base
캐러멜팝콘 50g

Liquid
각얼음 5개

Syrup
바닐라아이스크림 150g
캐러멜시럽 30ml P242 참조

Garnish
캐러멜팝콘 1스쿱, 캐러멜시럽 10ml

RECIPE

1 믹서에 우유와 얼음, 아이스크림을 넣고 간다.

2 캐러멜시럽을 추가해 5초간 더 갈아준다.

3 ②에 캐러멜팝콘을 넣고 순간동작으로 5번 갈아준다.

4 준비한 컵 안쪽 윗부분에 가니시용 캐러멜시럽을 묻혀 주르르 흐를
   때까지 기다린다.

5 ④에 ③을 따르고 그 위에 캐러멜팝콘을 장식한다.

=== TIP

캐러멜팝콘 보관법
캐러멜라이징된 팝콘은 눅눅해지기 쉬우니
방습제를 꼭 넣어 보관하세요. 반드시 밀봉하여
밀폐용기에 보관해야 합니다.

BASE 유제품

COOL

감자밀크쉐이크

감자튀김을 밀크쉐이크에 찍어 먹는 햄버거집이 있습니다. 뭔가
부조합처럼 느껴지지만 생각보다 중독적인 메뉴이지요. 삶은 감자로
쉐이크를 만들어보세요. 의외의 궁합에 깜짝 놀랄 거예요. 감자 삶기가
귀찮다면 매시드 포테이토파우더를 사용하세요.

ASSEMBLE

Beverage Base
우유 150ml

Sub Base
삶은 감자 100g

Liquid
각얼음 5개

Syrup
바닐라아이스크림 100g

Garnish
삶은 감자 3~4조각, 후춧가루 약간

RECIPE

1 삶은 감자를 차갑게 식혀 준비한다.
2 믹서에 식힌 감자와 우유, 아이스크림, 얼음을 넣고 곱게 간다.
3 준비한 잔에 ②를 따르고 삶은 감자 3~4조각을 넣는다.
4 음료 위에 후춧가루를 약간 뿌린다.

TIP

달콤한 맛을 원하면 소금과 설탕 추가
아이스크림과 감자 자체로도 당분이 많아 따로
설탕을 넣지 않습니다. 그래도 더 달콤하게
즐기고 싶다면 반드시 소금 1꼬집과 설탕 10g을
함께 넣어주세요. 단맛을 내는 요령입니다.

BASE 유제품

COOL

딸기크림치즈쉐이크

딸기와 크림치즈의 조합은 완벽에 가까울 정도로 맛이 좋습니다.
이 음료의 메이킹 포인트는 재료의 투입 순서입니다. 레시피를
정확하게 숙지해서 모든 재료가 맛을 내는 완벽한 쉐이크를
만들어보세요.

ASSEMBLE

Beverage Base
우유 120ml

Sub Base
냉동 딸기 80g, 크림치즈 30g

Liquid
각얼음 5개

Syrup
바닐라아이스크림 80g
부순 초콜릿 30g

Garnish
초콜릿 10g, 딸기 1개
민트류의 허브 조금

RECIPE

1 믹서에 우유와 냉동 딸기, 크림치즈, 각얼음, 아이스크림을 넣고
   간다.

2 모두 갈리면 잘게 부순 시럽용 초콜릿을 넣고 순간 동작으로 5회
   정도 간다.

3 준비한 잔에 ②를 따르고 초콜릿을 잘게 부셔 올린다.

4 딸기를 반 잘라 올리고 허브로 장식한다.

──────────────── TIP

치즈는 덩어리를 잘라 넣기
음료에 크림치즈를 넣으면 케이크를 먹는 느낌을
줍니다. 필라델피아나 끼리 크림치즈 덩어리를
잘라 사용하면 맛이 좋습니다.

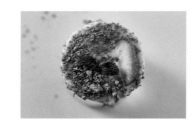

BASE 탄산

COOL

매실피지오

냉장고 한 켠에 매실원액이 있다면 음료에 활용하세요. 너무 달지
않을까 생각되지만 비율만 맞춘다면 '별다방' 못지 않은 맛있는
매실에이드를 만들 수 있습니다. 원액과 탄산수의 비율은 1:3입니다.
얼음을 넣고 음미해보세요

ASSEMBLE

Beverage Base
탄산수 150ml

Sub Base
매실원액 40ml

Liquid
얼음 1/2컵

Syrup
라임즙 1/4개분

RECIPE

1 낮고 넓은 아이스 음료 잔을 준비한다.

2 준비한 잔에 매실원액을 넣는다.

3 ②에 얼음을 절반 정도 채운다.

4 라임 1/4개를 짜서 즙을 내 ③에 넣는다.

5 탄산수를 부어 마무리한다. 음용 전에 반드시 섞는다.

──────── **TIP**

청매실 vs 황매실 차이 알기
직접 매실청을 담근다면 매실의 종류를
선택하세요. 새콤한 맛을 강조하고 싶다면
청매실로, 달콤하고 향기로운 맛을 원한다면
살구를 닮은 황매실을 준비합니다.

BASE 탄산

COOL

백사장에이드

에메랄드빛 바다를 연상하게 하는 음료입니다. 블루큐라소시럽에 노란
커큐민을 섞어 에메랄드 빛을 만들고 코코넛을 첨가한 소프트크림으로
하얀 파도를 만들어보세요. 여름과 잘 어울리는 시그니처 메뉴입니다.

ASSEMBLE

Beverage Base
탄산음료 180ml

Liquid
얼음 1/2컵

Syrup
블루큐라소시럽 15ml, 커큐민 1방울

Garnish
코코넛크림 1스쿱(코코넛밀크
10ml+소프트크림 1스쿱)

RECIPE

1 준비한 잔에 블루큐라소시럽을 넣는다.

2 ①에 커큐민 1방울을 넣고 고루 섞는다.

3 얼음 1/2컵을 채우고 탄산음료를 붓는다.

4 볼에 코코넛밀크와 소프트크림을 넣고 섞는다.

5 ③ 위에 ④를 올려낸다.

―――――――――――――――――― **TIP**

컬러풀하게 꾸미기
백사장의 모래처럼 매트한 분위기를 위해서
슈거파우더를 살살 뿌려도 좋습니다. 베이스
컬러로 사용하는 커큐민은 앰플 타입을 구입해
사용하세요.

BASE 탄산

COOL

체리콕

맛있고 싱싱한 체리가 수입되는 5월은 체리음료를 위한 최적의
계절입니다. 체리티를 콜라에 냉침해서 체리향 가득한 체리콕을
만들어보세요. 얼음을 가득 채운 체리콕 위에 싱싱한 체리를 넉넉히
얹으면 완성입니다.

ASSEMBLE

Beverage Base
콜라 500ml

Sub Base
아마드 체리허브티 티백 2개

Liquid
얼음 1컵

Garnish
체리 10개

RECIPE

1 콜라 500ml 병에 체리허브티 티백 2개를 넣는다.

2 티백에 달려 있는 실은 꼭 잘라넣고 뚜껑을 꽉 닫는다.

3 ②를 냉장고에 넣고 12시간동안 냉침한다.

4 준비한 잔에 얼음을 가득 채우고 ③을 붓는다.

5 체리 10개를 음료 위쪽에 올려 완성한다.

━━━━━━━━━━━━━━━ TIP

탄산음료는 거꾸로 세워 냉침
탄산음료를 베이스로 냉침을 할 때는 탄산
유지에 신경써야 합니다. 뚜껑을 꽉 닫아서
거꾸로 세워 냉침하면 탄산 소실이 적습니다.

멜론소다

탄산음료에 약간의 시럽과 장식을 더해 색다른 메뉴를 만듭니다.
초록빛 멜론 베이스로 탄산음료에 색을 넣고 아이스크림의 부드러운
맛을 가미하면 생각지 못한 맛과 비주얼의 음료가 완성되지요. 빨간
체리는 포인트로 꽂아주세요.

ASSEMBLE

Beverage Base
탄산음료 180ml

Sub Base
멜론시럽 20ml

Liquid
얼음 1컵

Syrup
바닐라아이스크림 1스쿱

Garnish
꼭지체리 1개

RECIPE

1 탄산음료에 멜론시럽을 섞는다.

2 준비한 잔에 얼음을 가득 채우고 ①을 잔의 80%가 차도록 따른다.

3 바닐라아이스크림을 음료 위에 올린다.

4 아이스크림 위에 체리를 올려낸다.

─────── TIP

멜론시럽은 국내산 사용
시판 중인 멜론시럽은 수입산과 국내산이
있는데, 국내산 구입을 추천합니다. 멜론 함량
20% 이상의 제품을 골라야 멜론의 맛과 향이
진하게 느껴집니다.

BASE 탄산

COOL

진저에일

직접 만든 레몬시럽과 생강시럽으로 만든 음료입니다. 시럽이 두 가지나 들어가므로 당분이 없는 탄산수를 사용했지요. 만약 탄산음료를 넣어야 한다면 레몬시럽 대신 레몬즙을 넣어주세요. 레몬에이드가 싫증날 때나 칵테일 마시는 기분을 내고 싶을 때 권해요.

ASSEMBLE

Beverage Base
탄산수 180ml

Sub Base
시나몬스틱 1개, 생강시럽 20ml P249 참조
레몬시럽 30ml P248 참조

Liquid
얼음 2/3컵

Garnish
레몬 1조각

RECIPE

1 준비한 잔에 생강시럽을 넣는다.

2 레몬시럽을 넣어 생강시럽과 섞는다.

3 시나몬스틱을 ②에 30분 이상 넣어두어 향이 베이게 한다.

4 ③에 얼음을 채우고 탄산수를 붓는다.

5 레몬 조각으로 장식한다.

─── **TIP**

시나몬 파우더를 추가해도 좋아
더 진한 맛의 시나몬 향을 원한다면 과정 ③에서 시나몬파우더를 1꼬집을 함께 넣고 섞어주세요. 달콤한 맛을 원하면 시나몬, 매콤한 맛을 원하면 계피를 넣습니다.

BASE 탄산

COOL

젤리소다

유난히 젤리를 좋아하는 사람들이 있습니다. 아이부터 어른까지 상관
없이 젤리 마니아가 생각보다 많지요. 탄산음료에 요즘 유행하는
곤약젤리를 만들어 넣었습니다. 톡 쏘는 탄산과 탱글탱글한 젤리의
식감이 입안에서 즐거움을 선사합니다.

ASSEMBLE

Beverage Base
탄산음료 150ml

Sub Base
포도맛 곤약젤리 50g ^{P153 참조}

Liquid
얼음 1컵

Syrup
자몽자스민베이스 20ml

Garnish
자몽 슬라이스 1/4개

RECIPE

1 포도맛 곤약젤리를 적당하게 잘라 준비한다.
2 준비한 잔에 자몽자스민베이스를 넣는다.
3 ②에 자른 젤리를 넣고 고루 섞는다.
4 얼음을 가득 채우고 탄산음료를 붓는다.
5 신선한 자몽을 잘라 장식한다.

TIP

탄산음료는 185ml 제품 사용
음료를 만들 때 탄산음료는 대용량보다 185ml의
작은 용량의 제품을 사용하세요. 대용량보다는
가정용에 더 많은 탄산이 들어 있어요.

BASE 탄산

COOL

스파클상그리아

한여름에 마실 수 있는 와인음료 상그리아를 무알콜 버전으로
만들었습니다. 따로 과일을 구입하지 않고 냉장고에 있는 과일로도
충분하지요. 와인 베이스의 상그리아보다 더 맛있는 상그리아 레시피를
소개합니다.

ASSEMBLE

Beverage Base
탄산음료 180ml

Sub Base
청포도자스민베이스 20ml
과일 슬라이스 2~3개

Liquid
얼음 1컵

Garnish
타임 1줄기

RECIPE

1 준비 가능한 과일을 2mm 두께로 슬라이스한다.

2 볼에 슬라이스한 과일을 넣고 청포도자스민베이스를 넣어 20분간
절인다.

3 준비한 잔에 ②를 넣고 탄산음료를 부어 랩으로 입구를 막아 탄산은
빠지지 않고 과일향이 탄산음료에 우러나도록 한다.

4 냉장고 넣어 10분간 쿨링한 뒤 허브와 얼음을 채워 마무리한다.

── TIP
시트러스류는 껍질째 사용
오렌지나 라임 등 껍질이 있는 과일은 껍질째
썰어 넣습니다. 생각보다 많은 과일이 껍질에
향을 보존하고 있지요. 딸기는 물에 오래 씻지
않고 넣는 게 향을 보존하는 방법입니다.

오렌지블라썸

오렌지주스에 로즈시럽을 첨가하여 만든 음료입니다. 프레시한
로즈마리가 사랑스럽고 달콤한 맛의 중심을 잡아주지요. 오렌지주스가
식상하다면 시럽으로 향과 색으로 포인트를 주세요. 펄프가 함유되어
있는 오렌지주스를 사용하면 더욱 좋습니다.

ASSEMBLE

Beverage Base
오렌지주스 200ml

Sub Base
로즈마리티 2g, 뜨거운 물 20ml

Liquid
얼음 1/2컵

Garnish
로즈시럽 20ml P246 참조

Garnish
오렌지 슬라이스 1개, 식용꽃 1개
로즈마리 1줄기

RECIPE

1 로즈마리티 2g에 뜨거운 물 20ml를 부어 10분간 우린다.
2 ①에 오렌지주스를 넣고 섞어 5분간 우린다.
3 준비한 잔에 얼음을 채운다.
4 ②를 거름망에 걸러 얼음을 채운 잔에 담는다.
5 로즈시럽 20ml를 넣고 오렌지 슬라이스와 식용꽃, 허브로 장식한다.

TIP

시트러스 과일 조각은 냉동보관해 사용
시트러스 과일은 미리 잘라두면 수분이 생겨
쉽게 상해요. 겉면의 수분을 살짝 말린 뒤
지퍼백이나 밀폐용기에 넣어 냉동보관해두고
하나씩 꺼내 쓰세요.

BASE 주스

COOL

이오닉레몬

이온음료에 레몬글라스와 레몬을 첨가한 음료로, 땀을 많이 흘리는
여름이나 운동 후에 마시면 즉각적인 체내 수분보충을 도와줍니다. 레몬즙,
레몬 슬라이스, 레몬글라스, 허브 티백을 음료와 함께 텀블러에 넣어
냉장고에서 12시간 정도 냉침해 드세요.

ASSEMBLE

Beverage Base
이온음료 200ml

Sub Base
레몬글라스티 2g, 뜨거운 물 50ml

Liquid
얼음 1컵

Syrup
레몬 슬라이스 2개, 레몬즙 20ml

Garnish
타임 1줄기

RECIPE

1 레몬글라스티 2g을 뜨거운 물 50ml에 10분간 우린다.
2 준비한 잔에 레몬 슬라이스 2개를 넣는다.
3 ②에 레몬즙을 넣고 으깨듯 고루 섞는다.
4 ③에 우려진 레몬글라스티를 넣고 섞는다.
5 얼음을 가득 채우고 이온음료를 붓는다.
6 아래 위로 잘 흔들어 섞고 타임을 넣는다.

─────────────────────────────── TIP

이온음료 대신 옅은 소금물로도 가능
이온음료가 부담스럽다면 생수 200ml에
소금 1g을 넣고 같은 방법으로 만들어보세요.
갈증해소에 좋습니다.

에머랄드애플

에머랄드빛 바다를 연상하게 하는 음료입니다. 사과주스에 레몬밤을
냉침하여 단조로울 수 있는 사과맛에 포인트를 주고 블루큐라소시럽을
섞어 아름다운 색을 냅니다. 사과주스는 사과 함유량이 30~40%일 때
다른 재료와의 밸런싱이 좋습니다.

ASSEMBLE

Beverage Base
사과주스 180ml

Sub Base
생 레몬밤 3g

Liquid
얼음 1/2컵

Syrup
블루큐라소시럽 8ml

Garnish
레몬밤 1줄기

RECIPE

1 사과주스를 차갑게 준비한다.

2 ①에 블루큐라소시럽을 섞는다.

3 생 레몬밤을 살짝 으깬 뒤 ②에 넣어 냉장고에 20~30분 냉침한다.

4 준비한 잔에 얼음을 채우고 냉침한 음료를 거름망에 걸러 따른다.

5 레몬밤 1줄기를 꽂아 장식한다.

TIP

허브는 위생봉투에 담아 냉장보관
허브는 구입 후 위생봉투에 넣어 냉장보관합니다.
온도가 너무 낮으면 허브가 얼어버릴 수 있으니
냉장고 가운데 보관해주세요.

BASE 주스

HOT & COOL

스파이시그레이프

매해 가을이면 뱅쇼를 끓입니다. 온가족이 즐길 수 있는 뱅쇼를
소개합니다. 포도주스에 뱅쇼키트를 넣고 끓여보세요. 따뜻하게 마시는
주스는 생각보다 아주 매력적이지요. 뱅쇼키트는 향신료를 구입하여
소분해두면 편리합니다.

ASSEMBLE

Beverage Base
포도주스 400ml

Sub Base
뱅쇼키트 1개, 과일 슬라이스 80g

Liquid
물 200ml COOL 얼음 1컵

Garnish
시나몬스틱·정향·팔각 1~2개씩
허브 1줄기

RECIPE

1　냄비에 물 200ml를 넣고 끓어오르면 포도주스를 넣어 끓인다.

2　①이 끓어오르면 뱅쇼키트를 넣고 약한 불에서 5분간 더 끓인다.

3　②에 과일 슬라이스를 넣고 뱅쇼키트를 빼지 않은 상태로
　　냉장보관한다.

4　준비한 잔을 뜨거운 물에 담갔다 빼거나 전자레인지에 30초간 돌려
　　예열한다.

5　완성된 음료를 뜨겁게 데워 예열한 잔에 담고 키트 재료와 타임으로
　　음료를 장식한다.

1　냄비에 물 200ml를 넣고 끓어오르면 포도주스를 넣고 끓인다.

2　①이 끓어오르면 뱅쇼키트를 넣고 약한 불에서 5분간 더 끓인다.

3　②에 과일 슬라이스를 넣고 뱅쇼키트를 빼지 않은 상태로
　　냉장보관한다.

4　준비한 잔에 얼음을 가득 채우고 음료를 150ml 붓는다.

5　키트 재료와 타임으로 장식한다.

TIP

뱅쇼키트 만들기
면주머니 하나당 시나몬스틱 10cm 1조각, 정향
8알, 팔각 1개, 카다멈 2개를 넣습니다. 와인
750ml 기준에 키트 2개를 우려 뱅쇼를 즐기세요.

BASE 주스

HOT & COOL

얼그레이파인

진하게 우린 얼그레이티에 솔 향이 나는 음료를 섞어 청량감을
주었습니다. 로즈마리를 머들링해 넣으면 솔 향이 더욱 신선해져요.
머리가 무겁고 생각이 많은 날 주의환기용으로 좋은 음료입니다.

ASSEMBLE

Beverage Base
솔 향 음료 150ml

Sub Base
블레즈나 얼그레이 티백 1개
물 100~250ml

Liquid
COOL 얼음 1컵

Syrup
로즈마리 1줄기

Garnish
로즈마리 약간

RECIPE

1 얼그레이 티백 1개를 90℃의 뜨거운 물 250ml에 1분30초간 우린다.

2 솔 향 음료를 전자레인지에 30초간 따뜻하게 데운다.

3 ②에 로즈마리 1줄기를 넣고 스푼으로 콕콕 찍어 머들링한다.

4 준비한 잔을 뜨거운 물에 담갔다 빼거나 전자레인지에 30초간 돌려
예열한다.

5 예열한 잔에 ④을 넣고 우린 얼그레이티를 티백을 제거하고 넣는다.

6 신선한 로즈마리를 장식해 청량감을 더한다.

1 얼그레이 티백 1개를 90℃의 뜨거운 물 100ml에 1분30초간 우린다.

2 솔 향 음료를 차갑게 준비한다.

3 준비한 잔에 로즈마리 1줄기를 넣고 스푼으로 콕콕 찍어 머들링한다.

4 ③에 얼음을 가득 채우고 차갑게 준비한 솔 향 음료를 붓는다.

5 한 김 식힌 얼그레이티를 티백과 함께 넣는다.

BASE 주스

COOL

코코넛패션프루트

코코넛젤리가 들어 있는 음료에 프레시한 레몬밤과 패션프루트를
넣어 유니크한 음료를 만들었습니다. 레몬밤이 주는 맛과 향이 달라요.
열대지방의 풍경이 눈앞에 펼쳐질 만한 이국적인 음료를 손쉽게
만들어보세요.

ASSEMBLE

Beverage Base
코코팜음료 150ml

Sub Base
레몬밤티 2g, 뜨거운 물 50ml

Liquid
얼음 1컵

Syrup
패션프루트절임 40g ^{P253 참조}

Garnish
레몬밤 1줄기

RECIPE

1 레몬밤티 2g을 90℃의 뜨거운 물 50ml에 10분간 잘 우린다.

2 준비한 잔에 패션프루트절임을 넣는다.

3 ②에 우린 레몬밤티를 부어 섞고 얼음을 가득 채운다.

4 코코팜음료를 붓고 레몬밤으로 장식한다.

―――――――――――――――― TIP

코코팜음료는 충분히 흔들어 사용
코코팜음료는 사용 전에 충분히 흔들어야 음료
안에 있는 나타드 젤리가 고루 섞여 나옵니다.
탄산이 없어 남녀노소 편안하게 즐기기 좋아요.

베리플라워

가장 쉬우면서 맛있는 여름음료를 꼽으라면 역시 베리플라워입니다.
마트에서 쉽게 구할 수 있는 냉동 트리플베리 믹스를 당절임해
레몬워터와 섞고 허브로 장식합니다. '맛있고 예쁜 음료는 없다' 라는
공식을 단번에 깨줄 수 있는 음료가 될 것입니다.

ASSEMBLE

Beverage Base
물 200ml, 레몬즙 15ml

Sub Base
자스민자몽베이스 20ml

Liquid
얼음 1/2컵

Syrup
베리절임 40g <u>P251 참조</u>

Garnish
민트류 허브 1줄기

RECIPE

1. 물 200ml에 레몬즙 15ml를 넣어둔다.
2. 베리절임과 자스민자몽베이스를 섞는다.
3. ②에 ①의 레몬워터를 붓고 섞는다.
4. 준비한 잔에 ③을 넣고 남은 공간에 얼음을 채운다.
5. 가라앉은 베리절임을 섞어 얼음 위로 올린 뒤 민트로 장식한다.

―――――――――――――――――――― TIP

베리절임 만들기
냉동 베리믹스를 구입해 절임을 만들어보세요.
베리믹스 200g에 설탕 120g, 레몬즙 20g을
섞어두면 됩니다.

BASE 얼음

ICE FLAKES

체리빙수

연유우유얼음을 얼려 곱게 갈아낸 뒤 달콤하게 만든 체리절임을 곁들여
먹는 메뉴입니다. 연유를 추가해서 달콤한 맛을 올려주세요! 생 체리 대신
씨 없이 처리된 냉동 체리나 체리 통조림을 사용해도 좋습니다.

ASSEMBLE

Beverage Base
연유우유얼음 200g <u>P151 참조</u>

Sub Base
생 체리 100g

Syrup
바닐라아이스크림 1스쿱, 연유 30ml

Garnish
체리절임 100g, 식용꽃 약간

RECIPE

1 준비한 용기를 냉동실에 10분간 두어 차갑게 만든다.

2 생 체리를 1/2등분해 씨를 제거한다.

3 연유우유얼음 200g을 제빙기에 넣고 준비한 용기 위에 간다.

4 분쇄 얼음이 쌓이는 중간중간 체리절임을 넣는다.

5 얼음이 다 갈리면 생 체리를 얼음 표면이 보이지 않도록 빼곡히
   얹는다.

6 탑 부분에 바닐라아이스크림을 올리고 연유를 뿌린 뒤 식용꽃으로
   장식한다.

─────────────── **TIP**

다양한 베리류 빙수 레시피로 활용
체리빙수를 만드는 방법으로 여러 가지 베리류의
빙수를 만들어보세요 블루베리, 라즈베리, 오디
등의 열매로 체리를 대체하세요.

자몽빙수

자몽의 내피를 제거하여 자몽 알갱이만 준비해두면 달콤쌉쌀한
자몽빙수 만들기의 90% 완성입니다. 자몽의 쓴맛은 달콤한 연유로
덜어줍니다. 팥과 함께 즐기고 싶다면 빙수 위에 올리지 말고 작은
그릇에 따로 담아 함께 드세요. 자몽 본연의 맛을 즐기세요.

ASSEMBLE

Beverage Base
연유우유얼음 200g P151 참조

Syrup
연유 30ml, 자몽절임 100g P251 참조

Garnish
자몽 과육 4개, 민트류 허브 약간

RECIPE

1 준비한 용기를 냉동실에 10분간 두어 차갑게 만든다.
2 연유우유얼음 200g을 제빙기에 넣고 준비한 용기를 아래에 받친다.
3 분쇄 얼음이 반쯤 쌓이면 자몽절임 50g을 얹는다.
4 남은 얼음을 갈아 올린 뒤 자몽 과육으로 토핑한다.
5 ④에 자몽절임 50g을 더 넣고 연유를 그 위에 뿌린다.
6 민트를 올려 빙수를 완성한다.

TIP

루비레드자몽을 사용하면 비주얼 UP
붉은색이 도는 루비레드자몽을 사용하면
시각적으로 더욱 돋보입니다. 허브나 꽃으로
장식해서 포인트를 줍니다.

BASE 얼음

ICE FLAKES

땅콩빙수

땅콩 특유의 고소함으로 남녀노소 모두가 좋아하는 메뉴입니다. 얼음과
바닐라아이스크림, 땅콩버터 이질적인 3가지 맛에 캐러멜시럽을 넣어
밸런스를 잡아줍니다. 여러 가지 견과류 믹스를 사용해 만들어도 좋습니다.

ASSEMBLE

Beverage Base
땅콩우유얼음 200g P151참조

Syrup
캐러멜시럽 40ml P242참조
바닐라아이스크림 1스쿱

Garnish
땅콩 분태 70g

RECIPE

1 적당한 크기의 유리컵을 준비해 냉동실에 잠깐 넣어 차갑게 만든다.

2 땅콩우유얼음 200g을 제빙기에 넣고 준비한 컵을 아래에 받친다.

3 용기에 분쇄 얼음이 반 쯤 담기면 캐러멜시럽 20ml와 땅콩분태
30g을 올린다.

4 나머지 얼음을 모두 갈아 올린다.

5 ④ 위에 캐러멜시럽 20ml를 뿌리고 바닐라아이스크림을 올린다.

6 남은 땅콩분태를 아이스크림 위에 가득 뿌려낸다.

--- TIP

눈꽃빙수는 대패빙수모드 활용
요즘 눈꽃빙수를 만들 수 있는 대패빙수모드
기능의 가정용 제빙기도 출시되고 있습니다.
독특한 질감의 얼음으로 이국적인 느낌을
연출해보세요.

BASE 얼음

ICE FLAKES

민트망고빙수

연유우유얼음을 베이스로 달콤하고 부드러운 망고와 허브 민트로
빙수를 만들었습니다. 민트 잎의 청량감이 망고 맛을 더욱 빛나게
해주지요. 냉동 망고는 사용 전 실온에 10분정도 두면 식감이 더욱
좋아져요.

ASSEMBLE

Beverage Base
연유우유얼음 200g <u>P151 참조</u>

Sub Base
망고 80g

Syrup
망고시럽 50ml <u>P244 참조</u>

Garnish
민트류 허브 10g

RECIPE

1 투명한 용기를 골라 냉동실에 10분간 두어 차갑게 만든다.
2 망고는 먹기 좋은 크기로 잘라 준비한다.
3 차갑게 만든 용기에 망고시럽 30ml를 넣는다.
4 연유우유얼음 200g을 제빙기에 넣고 ③을 받힌다.
5 분쇄 얼음이 모두 쌓이면 ②의 망고와 민트 10g을 올린다.
6 남은 망고시럽 20ml를 고루 뿌려낸다.

=========== TIP ===========

빙수에는 애플망고
빙수용 생 망고를 고를 때는 일반 망고보다
애플망고가 더 좋습니다. 시판 냉동 망고를
사용할 요량이라면 주사위크기로 잘라진 것을
고르세요.

BASE 얼음

ICE FLAKES

말차빙수

녹차아이스크림 맛이 나는 말차빙수를 만들기 위해선 팥은 과감히 빼야
합니다. 연유에 말차를 넣어 한층 진하고 깊은 말차빙수를 만들어보세요.
일본산 우지말차보다 국내산 유기농 말차를 사용하면 가성비 좋은 빙수를
만들 수 있습니다.

ASSEMBLE

Beverage Base
말차연유얼음 200g ᴾ¹⁵¹ 참조

Sub Base
말차 10g

Syrup
말차연유 30ml

RECIPE

1 준비한 용기를 냉동실에 10분간 두어 차갑게 만든다.

2 말차우유얼음 200g을 제빙기에 넣고 준비한 용기를 아래에 받친다.

3 분쇄 얼음이 반쯤 쌓이면 말차 5g과 말차연유 20ml를 고루 뿌린다.

4 그 위에 나머지 얼음을 갈아서 얹는다.

5 말차가루 5g을 완성한 빙수 위에 뿌린다.

6 남은 말차연유 10ml를 작은 용기에 담아 말차빙수와 곁들인다.

───── TIP

말차 5g + 연유 95g = 말차연유 100g
연유에 말차를 조금 넣어 섞어 말차연유를
만듭니다. 녹차맛 빙수에 곁들이면 훌륭한
시럽이 되지요. 말차연유 100g 기준, 연유 95g에
말차 5g을 섞습니다.

토마토빙수

오래전에 토마토 젤라또를 처음 맛보고 눈이 번쩍 뜨인 적이 있습니다.
반신반의하며 먹어봤던 메뉴인데 달콤하고 상큼한 토마토가 얼음과
너무 잘 어울렸지요. 흔치 않지만 빙수에도 토마토를 곁들이는 메뉴가
간혹 나오고 있습니다. 토마토로 손쉽게 빙수를 만들어보세요.

ASSEMBLE

Beverage Base
요구르트우유 얼음 200ml P151 참조

Sub Base
방울토마토 7~10개

Syrup
토마토시럽 100ml P243 참조

Garnish
방울토마토 5개
민트류 또는 바질 허브 약간

RECIPE

1 준비한 용기를 냉동실에 10분간 두어 차갑게 만든다.

2 방울토마토 모두 반 갈라 준비한다.

3 요구르트우유얼음 200g을 제빙기에 넣고 용기를 아래에 받친다.

4 분쇄 얼음이 쌓이는 중간중간 ②의 방울토마토를 넣는다.

5 얼음이 다 갈리면 토마토시럽을 골고루 뿌린다.

6 방울토마토와 허브로 장식한다.

========= TIP

토마토시럽 활용하기
토마토를 설탕에 절였다가 한소끔 끓여
레몬즙을 넣어 만든 토마토시럽은 빙수
외에도 채소주스 시럽으로 활용도가 높습니다.
가열단계를 거치면서 토마토의 소화흡수도 도와
일석이조입니다.

BASE 얼음

ICE FLAKES

화분빙수

언젠가 여행지에서 화분 모양의 웰컴케이크를 본 적 있습니다. 수저를
사용해 흙을 파내듯 먹으며 어른도 아이들도 모두 즐거웠지요. 빙수에
과자로 만든 흙을 덮은 뒤 여러 가지 작물들을 가니시로 심어보세요!
비주얼도 맛도 최고인 빙수가 됩니다.

ASSEMBLE

Beverage Base
우유연유얼음 200g P151 참조

Sub Base
오레오쿠키 50g

Garnish
지렁이 모양 젤리 4개
로즈마리·식용꽃 약간씩

RECIPE

1 준비한 용기를 냉동실에 10분간 두어 차갑게 만든다.

2 오레오과자를 반 나눠 하얀 크림을 제거한 뒤 위생봉지에 넣고 잘게
  부순다.

3 연유우유얼음 200g을 제빙기에 넣고 준비한 용기를 아래에 받친다.

4 얼음이 모두 갈리면 ②의 검정색 과자가루를 얼음 위에 넉넉히
  뿌린다.

5 지렁이 모양의 젤리를 올리고 로즈마리와 식용꽃으로 화분을
  연출한다.

─────────── TIP

과자는 취향에 따라
오레오 과자 외에도 취향에 맞는 과자를
선택하면 됩니다. 다만 부순 과자의 색과 질감이
흙 느낌이 나는 쿠키류가 적당합니다.

레몬딸기빙수

생 딸기를 가득 올린 빙수는 색감도 뛰어나지만 재료 본연의 맛 또한
보장되어 누구나 손쉽게 시도하는 메뉴입니다. 간단한 콩포트나
장식을 더해 나만의 시그니처 메뉴를 만들어보세요. 콩포트를 만들 때
레몬주스에 다양한 베리류를 조합하면 맛의 완성도가 높아집니다.

ASSEMBLE

Beverage Base
요구르트우유얼음 200g ^{P151 참조}

Sub Base
딸기 150g

Syrup
레몬시럽 70ml ^{P248 참조}

Garnish
타임 1줄기

RECIPE

1 준비한 용기를 냉동실에 10분간 두어 차갑게 만든다.

2 준비한 딸기를 모두 얇게 슬라이스한다.

3 요구르트우유얼음 200g을 제빙기에 넣고 준비한 용기를 아래에
  받친다.

4 분쇄 얼음이 반쯤 쌓이면 레몬시럽 40ml를 고루 뿌린다.

5 나머지 얼음을 갈아 올리고 ②의 딸기를 촘촘하게 얹는다.

6 작은 병에 남은 레몬시럽 30ml를 넣어 함께 낸다.

TIP

신맛이 싫다면 연유시럽
레몬의 신맛이 싫다면 레몬시럽 대신 연유를
넣어도 됩니다. 연유를 시럽으로 사용할 때는
얼음 베이스를 우유얼음으로 바꿔주세요.

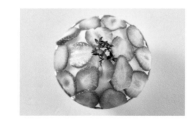

FLAVOR

홍차나 녹차를 활용한 디저트가 늘고 있습니다. 차를 밀가루에 섞거나
화이트초콜릿이나 생크림에 섞어 사용하는 등 재료의 활용도가 높아지는
추세입니다. 고급스럽고 자연스러운 향이 많아지고 있습니다.

COLOR

천연에서 얻어지는 컬러를 사용하여 천연색에 대한 거부감을 줄여줍니다.
버터를 태워 갈색을 얻기도 하고 설탕을 졸여 윤기를 주거나 어두운 색을 내기도
하지요. 핑크색 장미나 히비스커스는 물론 시금치, 케일, 당근, 비트 등의
천연 재료에서 얻은 컬러로 볼륨감을 높여줍니다.

TASTE

한 입에 들어갈 수 있는 쁘띠 사이즈의 디저트가 유행입니다.
크기는 작지만 입안에서는 풍부하게 재료의 맛을 음미할 수 있지요.
티샌드위치처럼 얇고 부담스럽지 않은, 스콘처럼 풍부하지만 음료의
맛을 해치지 않는 디저트가 강세입니다.

DESSERT

수많은 디저트 카페들이 생겨나고 있습니다. 거창하거나 복잡한
디저트보다는 커피나 음료와 함께 해도 그 매력을 해치지 않는 심플한
메뉴들이 인기입니다. 컬러풀하되 만들기도, 먹기에도 부담이 없어야
합니다. 소확행의 시대에서 디저트는 소소하고 확실한 행복을 누리는
가장 확실한 일입니다.

BASE 샌드위치

오이티샌드위치

영국 여왕의 티타임 자리에서 빠지지 않았다는 영국 정통 티푸드로,
애프터눈 티 트레이의 제일 하단에서 볼 수 있는 있는 샌드위치입니다.
빵 사이에 크림치즈를 바르고 얇게 저민 오이를 넣고 소금과 후춧가루로
간을 맞춥니다.

ASSEMBLE

Bread
식빵 2장

Fillings
오이 1/2개

Sauce
크림치즈 20g
버터 또는 마요네즈 3g

Topping
소금·후춧가루 한 꼬집씩

RECIPE

1 오이를 감자필러로 얇게 저며 키친타월에 잠깐 올려 수분을 제거한다.

2 두 장의 식빵 단면에 실온 버터나 마요네즈를 얇게 펴 바른다.

3 ②에 크림치즈를 1~2mm 두께로 각각 바른다.

4 크림치즈를 바른 식빵 한 장에 저민 오이를 올리고 소금과 후춧가루를 살짝 뿌린다.

5 남은 식빵으로 덮고 식빵 끝을 칼로 잘라 정리한다.

6 먹기 좋은 크기로 자른다.

----- TIP

단단한 청오이가 제격
샌드위치 속재료로 넣을 오이는 청오이가
제격입니다. 백오이에 비해 단단한 부분이 많아
샌드위치로 완성했을 때 식감이 더 좋습니다.

연유티샌드위치

요즘 가장 핫한 샌드위치로 햄과 치즈 사이에 연유를 더해 '단짠'의
매력이 돋보이는 대만식 샌드위치입니다. 수분이 거의 생기지 않아
시간이 지난 뒤에도 맛이 유지되지요. 모든 재료를 차갑게 보관하는 게
맛의 비결입니다.

ASSEMBLE

Bread
식빵 2장

Fillings
샌드위치용 햄 1장, 체다치즈 1개

Sauce
연유 20g, 버터 또는 마요네즈 3g

Topping
소금 한 꼬집

RECIPE

1 두 장의 식빵 단면에 실온 버터나 마요네즈를 얇게 펴 바른다.
2 샌드위치용 햄과 체다치즈 단면에 연유를 바른다.
3 ①의 식빵 한 장 위에 ②를 올리고 소금 한 꼬집을 뿌린다.
4 남은 식빵으로 덮고 식빵 끝을 칼로 잘라 정리한다.
5 먹기 좋은 크기로 자른다.

─────────────────────── **TIP**
취향에 따라 달걀지단 추가
아침 식사대용으로 든든하게 즐기고 싶다면
달걀지단을 얇게 만들어 추가하세요. 햄, 치즈,
달걀의 궁합이 최고예요.

연어티샌드위치

치킨크랜베리타샌드위치

아보카도쉬림프티샌드위치

BASE 샌드위치

연어티샌드위치

특유의 스모키한 향미가 돋보이는 훈제연어는 따로 익힐 필요가 없어
샐러드 및 샌드위치 속재료로 많이 쓰입니다. 약간의 허브나 후춧가루로만
가미하면 맛이 더 살지요. 루꼴라와 래디시, 적당량의 크림치즈 조합을
추천합니다.

ASSEMBLE

Bread
바게트 슬라이스 2개

Fillings
연어 슬라이스 2개

Sauce
케이퍼크림치즈 스프레드 20g
버터 또는 마요네즈 3g

Topping
베이비루꼴라 8~10장, 래디시 1개
딜·후춧가루 약간씩

RECIPE

1. 냉동 연어라면 냉장실에서 반나절 정도 충분히 해동시킨다.

2. 래디시는 1mm 두께로 슬라이스한다.

3. 각각의 바게트 단면에 마요네즈나 실온의 버터를 얇게 펴 바른다.

4. ③ 위에 베이비루꼴라와 연어 슬라이스를 올린다.

5. 케이퍼크림치즈 스프레드 1큰술씩을 올리고 슬라이스한 래디시와
   딜로 장식한다.

6. 후춧가루를 뿌려 마무리한다.

TIP

케이퍼크림치즈 스프레드 만들기 / 180g 분량
(재료) 크림치즈 150g, 케이퍼 20g, 연유 10g,
파슬리가루 2g, 후춧가루 1g

크림치즈는 실온에서 부드럽게 만들고, 케이퍼는
키친타월에 올려 수분을 제거한 뒤 잘게
다집니다. 크림치즈와 다진 케이퍼, 파슬리가루,
후춧가루를 섞고 마지막에 연유를 섞어
밀폐용기에 담아 냉장보관합니다.

아보카도쉬림프티샌드위치

숲속의 버터라 불리는 아보카도를 주재료로 만든 샌드위치입니다. 최근
카페에서 가장 인기있는 메뉴이기도 하지요. 아보카도와 새우를 믹스해 소스를
만들어 티 샌드위치나 오픈형 샌드위치에 활용해보세요. 깊은 풍미를 내줍니다.

ASSEMBLE

Bread
바게트 슬라이스 2개

Fillings
아보카도 1/2개

Sauce
아보카도쉬림프 스프레드 30g
버터 또는 마요네즈 3g

Topping
식용꽃·민트류 허브 약간씩

RECIPE

1 아보카도를 반으로 갈라 씨와 껍질을 제거한 뒤 슬라이스한다.

2 각각의 바게트 단면에 마요네즈나 실온의 버터를 얇게 펴 바른다.

3 ②에 아보카도쉬림프 스프레드 1큰술씩을 얹는다.

4 ①과 식용꽃, 민트류의 허브로 장식한다.

─────── **TIP**

아보카도쉬림프 스프레드 만들기 / 300g 분량
(재료) 아보카도 과육 200g, 칵테일새우 80g,
레몬필 3g, 레몬즙·디종머스타드 5g씩, 소금 4g,
후춧가루 1g

새우는 끓는 물에 데쳐 차게 식혀 레몬필을 넣어 팥알
크기로 잘게 다집니다. 아보카도 과육을 80% 정도
으깬 뒤 레몬필을 넣고 다진 새우를 넣어요. 남은
재료를 모두 넣고 고루 섞은 뒤 밀폐용기로 옮겨
윗면을 랩으로 표면 밀착해 냉장보관합니다.

BASE 샌드위치

치킨크랜베리티샌드위치

닭가슴살로 스프레드를 만들어 바게트 위에 올린 샌드위치입니다.
닭가슴살은 삶아 사용하거나 훈제나 통조림으로 대체해도 됩니다.
스프레드에 들어가는 크랜베리는 전처리가 필요한데, 흐르는 물에 씻어
찜기에 넣고 20분간 찐 뒤에 꿀과 버무려 냉장보관해 사용합니다.

ASSEMBLE

Bread
바게트 슬라이스 2개

Fillings
베이비채소 15~20장

Sauce
치킨크랜베리 스프레드 30g
버터 또는 마요네즈 3g

Topping
말린 크렌베리 5알, 후춧가루 한 꼬집

1 각각의 바게트 단면에 마요네즈나 실온의 버터를 얇게 펴 바른다.
2 그 위에 베이비채소를 얹는다.
3 치킨크랜베리 스프레드 1큰술씩을 얹고 말린 크랜베리로 장식한다.
4 마무리로 후춧가루를 뿌려낸다.

TIP

치킨크랜베리 스프레드 만들기 / 300g 분량
(재료) 닭가슴살 200g, 전처리한 크랜베리 70g,
마요네즈 10g, 디종머스터드 5g, 파슬리가루 2g,
소금 3g, 후춧가루 1g

닭가슴살은 익혀 적당한 크기로 자르고 크랜베리는
전처리합니다. 믹서에 모든 재료를 넣고 80% 정도
갈아줍니다. 밀폐용기에 옮겨 윗면을 랩으로 표면
밀착하여 냉장보관합니다.

BASE 스콘

얼그레이스콘 & 말차초코칩스콘

베르가못 향이 가득한 얼그레이스콘은 만들고 하루 뒤부터 버터 향과
얼그레이 향이 어우러져 더욱 부드럽고 밀도감 있는 스콘이 됩니다. 말차에
다크초코칩을 가득 넣은 말차초코칩스콘은 너무 달지도 쌉쌀하지도 않는 맛을
내는 것이 관건입니다.

ASSEMBLE

얼그레이스콘

Base Dough
박력분 360g, 베이킹파우더 16g
설탕 40g, 소금 2g, 버터 130g
달걀 2개, 생크림 120g

Point Ingredient
얼그레이티 10g

말차초코칩스콘

Base Dough
박력분 360g, 베이킹파우더 14g
설탕 45g, 소금 2g, 버터 140g
달걀 2개, 생크림 150g

Point Ingredient
말차가루 30g, 초코칩 120g

RECIPE

1 박력분과 얼그레이티, 베이킹파우더를 체치고 설탕과 소금을
섞는다. 말차초코칩스콘은 얼그레이티 대신 말차를 넣는다.

2 버터를 큐브치즈 크기로 잘라 ①에 넣고 스크래퍼로 잘게 자른다.
말차초코칩스콘은 이 단계에 초코칩을 섞는다.

3 달걀과 생크림을 섞어 ②에 3번 나눠 넣으면서 스크래퍼로 자르듯
반죽한다.

4 소보루 상태가 되면 직사각형으로 성형하고 반 잘라 겹치기를 2회
반복한다.

5 냉장고에서 30분~2시간 휴지시간을 가진다.

6 반죽을 16등분으로 나누어 오븐팬에 올려 우유나 생크림, 달걀물을
스콘 반죽 위에 바른다.

7 180℃로 예열한 오븐에서 15~18분 굽는다.

플레인스콘 & 레이즌스콘

스콘 만드는 방법은 심플합니다. 기본 가루류에 포인트 재료를 더해
재빠르게 반죽하면 맛있는 플레인스콘이 완성되지요. 건포도를 넣는
스콘은 건포도의 전처리 과정에 따라 식감도 천차만별 달라집니다.
건포도를 찜기에 넣고 20분간 쪄낸 뒤 럼에 버무려 촉촉하고
말랑말랑하게 만들어 사용하세요.

ASSEMBLE

플레인스콘

Base Dough
박력분 360g, 베이킹파우더 14g
설탕 40g, 소금 2g, 버터 120g
달걀 2개, 생크림 110g

레이즌스콘

Base Dough
박력분 360g, 베이킹파우더 16g
설탕 30g, 소금 2g, 버터 140g
달걀 2개, 생크림 110g

Point Ingredient
전처리한 건포도 100g

RECIPE

1 박력분과 베이킹파우더를 체치고 설탕과 소금을 섞는다.

2 버터를 큐브치즈 크기로 잘라 ①에 넣고 스크래퍼로 잘게 자른다.

3 달걀과 생크림을 섞어 ②에 3번 나눠 넣으면서 스크래퍼로 자르듯
반죽한다. 레이즌스콘의 경우 이 단계에 전처리한 건포도를 섞는다.

4 소보루 상태가 되면 직사각형으로 성형하고 반 잘라 겹쳐주기를 2회
반복한다.

5 냉장고에서 30분~2시간 휴지시간을 가진다.

6 반죽을 16등분으로 나누어 오븐팬에 올려 우유나 생크림, 달걀물을
스콘 반죽 위에 바른다.

7 180℃로 예열한 오븐에서 15~18분 굽는다.

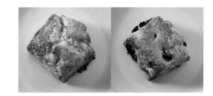

BASE 스콘

앙버터스콘

언제나 꾸준히 사랑받는 스테디 메뉴입니다. 플레인스콘을 구워 충분히
식힌 뒤 동량의 버터와 팥앙금을 넣어냅니다. 스콘은 꼭 식힌 뒤 차가운
버터를 올려야 버터가 녹지 않습니다. 이 레시피와 어울리는 토핑
버터는 고메버터입니다.

ASSEMBLE

Base Dough
박력분 360g, 베이킹파우더 16g
설탕 40g, 소금 2g, 실온 버터 140g
달걀 1개, 생크림 150g

Point Ingredient
고메버터·팥앙금 500g씩

Topping
우유나 또는 생크림 또는
달걀물 약간

RECIPE

1 박력분과 베이킹파우더를 체치고 설탕과 소금을 섞는다.

2 버터를 큐브치즈 크기로 잘라 ①에 넣고 스크래퍼로 잘게 자른다.

3 달걀과 생크림을 섞어 ②에 3번 나눠 넣으면서 스크래퍼로 자르듯
   반죽한다.

4 소보루 상태가 되면 직사각형으로 성형하고 반 잘라 겹쳐주기를 2회
   반복한다.

5 냉장고에서 30분~2시간 휴지시간을 가진다.

6 반죽을 16등분으로 나누어 오븐팬에 올려 우유나 생크림, 달걀물을
   스콘 반죽 위에 바른다.

7 180℃로 예열한 오븐에서 15~18분 구워 완전히 식힌다.

8 스콘을 반 갈라 2mm 두께로 자른 고메버터와 팥앙금을 넣어
   완성한다.

─────────── TIP

고메버터 온도에 주의
앙버터는 버터의 온도가 그 맛을 크게
좌우합니다. 실온에 오래 방치된 버터는
물컹하고 미끄덩거리므로 반드시 먹기 직전까지
냉장고에 보관했다가 사용하세요.

녹차스프레드

녹차스프레드는 녹차를 우려 만드는 것이 아니라 말차로 만듭니다. 그래서
진한 녹색의 결과물을 얻을 수 있지요. 베이킹용 말차는 클로렐라를 섞어
색은 선명하지만 녹차 특유의 쌉쌀한 맛과 향은 덜합니다. 카페인이
걱정된다면 녹차 대신 시금치가루나 케일가루를 사용하여 스프레드를
만들어보세요. 녹차스프레드는 유제품 가공류이므로 반드시 냉장보관합니다.

ASSEMBLE

Base
우유 500ml, 생크림 250ml
설탕 100g, 연유 30ml

Point Ingredient
말차 15g

RECIPE

1   말차와 설탕을 고루 섞어둔다.
2   냄비에 우유와 생크림을 넣고 가열을 시작한다.
3   ②에 말차 섞은 설탕을 3회 나눠 넣으며 잘 저어 녹인다.
4   끓어오르면 중약 불로 줄여 20분 정도 젓는다.
5   흰죽을 끓인 것 같은 점도가 나오면 연유를 섞어 병입한다.

━━━ TIP
우유가 타지 않게 계속 젓기
우유가 들어가는 스프레드나 잼은 완성될 때까지
쉬지 않고 저어야 타지 않습니다. 만들기 시작할
때 재료의 양이 냄비의 1/3미만이어야 넘치지
않아요.

얼그레이잼

초코바나나잼

로즈딸기잼

BASE 잼&스프레드

로즈딸기잼

홍콩에 여행을 가면 꼭 사오는 잼 중 하나가 로즈잼입니다. 하지만
생각보다 진한 로즈 향으로 손이 잘 가지 않지요. 이 로즈를 딸기잼에
넣어 시그니처 잼을 만들었습니다.

ASSEMBLE

Base
설탕 150g, 레몬즙 1/2개분

Point Ingredient
로즈페탈 5g, 딸기 500g

RECIPE

1 로즈페탈을 잘게 부숴 설탕과 고루 섞어둔다.

2 딸기는 꼭지를 제거해 냄비에 넣고 ①을 부어 반나절 동안 절인다.

3 ②를 그대로 가열해 끓기 시작하면 센 불에서 5분간 끓이다가 중간
불로 줄여 젓는다.

4 끓어오르는 잼을 떴을 때 100원짜리 동전크기로 떨어질 때까지
저어가며 완성한다.

5 레몬즙을 뿌리고 불을 꺼 한 김 식혀 병입한다.

얼그레이잼

진한 홍차의 맛과 향을 내기 위해서는 홍차파우더가 필요합니다. 만약
없다면 우유와 생크림 믹스에 아쌈 10g을 넣어 하루동안 냉침했다가
걸러 얼그레이잼을 만드세요.

ASSEMBLE

Base
우유 500ml, 생크림 250ml
설탕 150g, 연유 30ml

Point Ingredient
홍차파우더 3g, 얼그레이 10g

RECIPE

1 홍차가루와 설탕을 고루 섞어둔다.
2 ①에 고운 입자의 얼그레이를 섞는다.
3 냄비에 우유와 생크림을 넣고 가열을 시작한다.
4 끓기 시작하면 ②를 넣고 잘 젓다가 중약 불로 줄여 20분간 가열한다.
5 흰죽을 끓인 것 같은 점도가 나오면 연유를 섞어 병입한다.

BASE 잼&스프레드

초코바나나잼

바나나는 점성이 높아 잼으로 만들기 쉽지만 단조로운 맛 때문에 잘
만들어 먹지 않습니다. 초콜릿을 넣어서 부드럽고 당도도 낮은 건강하고
맛있는 잼을 만들어보세요.

ASSEMBLE

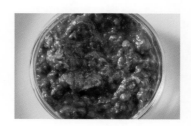

Base
생크림 100g, 설탕 80g

Point Ingredient
껍질 벗긴 바나나 250g
밀크초콜릿 80g

RECIPE

1   잘 익은 바나나를 냄비에 넣고 으깬다.

2   ①에 생크림과 설탕을 넣고 고루 섞어 가열한다.

3   끓기 시작하면 약한 불로 줄여 다크초콜릿을 넣고 젓는다.

4   끓어오르는 잼을 떴을 때 500원짜리 동전크기로 떨어질 때까지
    끓인다.

5   불에서 내려 한 김 식혀 병입한다.

음료가 맛있어진다!
시크리트 수제시럽 10

음료의 맛을 결정짓는 핵심 재료는 바로 시럽입니다. 가열을 통해 맛을 응축시켜
깊고 진한 맛을 지니지요. 시판시럽을 사용하면 편리하지만 그 맛과 깊이는 따라가기
어렵습니다. 수제시럽으로 음료의 맛을 높이세요.

밀크티베이스　　　치커리시럽　　　캐러멜시럽　　　토마토시럽　　　망고시럽

* 책 속 헤이즐넛시럽/토피넛시럽/아몬드시럽/민트시럽/리치시럽/멜론시럽은 시판제품을 사용하였습니다.

바닐라시럽   로즈시럽   초콜릿시럽   레몬시럽   생강시럽

밀크티베이스

700ml / 냉장보관 / 30days
활용메뉴 ≫ 샷밀크티 / 다크밀크티

01

HOMEMADE SYRUP

재료 CTC홍차 50g, 홍차파우더 20g, 설탕 300g, 물 500ml

밀크티는 우유와 차를 섞은 것을 뜻합니다. 차와 우유를 섞는 건 간단하지 않아 맛을 내기가 여간 어려운 게 아닙니다. 당도까지 맞춘 밀크티베이스를 만들어두면 음료 만들기가 한결 손쉽지요. 얼그레이로 밀크티베이스를 만들면 커피와도 어울리는 시럽이 됩니다.

1 팬에 물을 붓고 설탕을 풀어 가열한다.

2 끓어오르면 불을 끄고 CTC홍차를 넣는다.

3 불에서 내려 홍차파우더를 고루 섞는다.

4 ③을 차게 식힌 뒤 체에 거른다.

5 병입해 냉장보관한다.

치커리시럽

700ml / 냉장보관 / *30days*
활용메뉴 ≫ 뉴올리언즈

[재료] 마른 치커리 뿌리 50g, 백설탕 300g, 흑당 100g, 물 500ml

치커리 뿌리 말린 것을 덖어 시럽을
만들어두면 커피음료에 즐겨 사용할
수 있습니다. 치커리는 커피와 비슷한
단맛과 쓴맛을 냅니다. 백설탕에
풍미가 짙은 흑당을 섞어 넣어
만드세요. 커피가 아닌 우유에 섞어
마셔도 맛있습니다.

1   팬에 물과 마른 치커리 뿌리를 넣고 끓인다.

2   끓기 시작하면 백설탕과 흑당을 넣고 약한 불로 5분간 더 끓인다.

3   불에서 내려 차게 식힌 뒤 체에 거른다.

4   병입해 냉장보관한다.

캐러멜시럽

500ml / 냉장보관 / *14days*
활용메뉴 ≫ 숏캐러멜 / 캐러멜팝콘쉐이크 / 땅콩빙수

03
HOMEMADE SYRUP

재료 설탕 200g, 소금 2g, 생크림 300ml, 물 30ml

단맛의 대명사인 캐러멜은 커피에 자주 사용되는 시럽입니다. 커피가 가진 쓴맛과 캐러멜의 단맛이 만나 즉각적인 에너지업을 도와 여름 아이스 음료에 많이 사용됩니다. 캐러멜 시럽을 만들 때는 타지 않도록 감각을 총 동원하여 색과 향을 주시하세요.

1 팬에 설탕과 소금을 넣는다.

2 ①에 물을 부어 센 불로 가열한다.

3 가장자리가 캐러멜 색으로 변할 때까지 끓인다.

4 생크림을 미지근한 온도가 되도록 중탕한다.

5 중탕한 생크림을 ③에 2~3번 나눠 넣고 3분간 약한 불로 끓인다.

6 원하는 농도가 나오면 완전히 식혀 병입한다.

토마토시럽

250ml / 냉장보관 / 30days
활용메뉴 ≫ 토마토빙수

(재료) **토마토 200g, 설탕 100g, 레몬즙 10ml**

토마토는 생으로 먹는 것보다 가열을
하면 효용성분이 극대화됩니다.
시럽으로 만들어 빙수, 요구르트,
채소주스 시럽으로 활용하세요.
토마토가 붉고 한참 맛있는 여름철에
넉넉히 만들어 냉동보관하는 것도
방법입니다.

1 토마토를 8등분으로 잘라 준비한다. 방울토마토는 2등분한다.

2 용기에 토마토를 담고 설탕을 넣어 12시간 절인다.

3 12시간 뒤 믹서에 ②를 간다.

4 팬에 ③을 붓고 한소끔 끓인다.

5 불에서 내려 레몬즙을 넣고 차게 식힌 뒤 병입한다.

망고시럽

500ml / 냉장보관 / *30days*
활용메뉴 ≫ 민트망고빙수

[재료] 냉동 망고 300g, 설탕 200g, 레몬즙 20ml, 망고주스 200ml

망고퓨레와 비슷하지만 당도를
높여 가열해 보관기간을 늘리고
단맛을 강조했습니다. 딸기주스나
키위주스에도 잘 어울리며,
당근주스와의 궁합도 좋습니다.
우유와 맛의 조합이 좋아 우유를
베이스로 한 빙수에 사용하면
맛있습니다.

1 냉동 망고에 설탕을 넣고 12시간 절인다.

2 망고절임을 믹서에 넣고 간다.

3 팬에 준비한 망고주스와 ②를 부어 가열한다.

4 한소끔 끓어오르면 레몬즙을 넣어 불에서 내린다.

5 완전히 식혀 병입하여 냉장보관한다.

바닐라시럽

800ml / 냉장보관 / *30days*
활용메뉴 ≫ 오렌지바닐라커피 / 리얼바닐라라떼 / 바닐라폼터치

06
HOMEMADE SYRUP

재료 바닐라빈 2줄, 설탕 500g, 소금 2g, 물 600ml

바닐라시럽은 인공 향료로도 대체 가능하지만 유독 수제품이 인기를 모읍니다. 향과 풍미가 확연히 차이가 나기 때문입니다. 비싼 바닐라빈을 불에 넣고 보글보글 끓이는 것은 옳은 방법이 아닙니다. 적당한 가열점을 사용하여 맛과 향을 끌어내주세요.

1 바닐라빈을 반을 갈라서 씨를 바른다.

2 볼에 설탕을 붓고 ①을 넣는다.

3 설탕 사이의 바닐라빈 줄기를 설탕으로 비벼가며 빈을 발라내고 5mm 길이로 자른다.

4 밀폐용기에 모두 넣고 일주일 정도 둔다.

5 팬에 물과 소금을 넣어 끓이다가 ④를 넣어 한소끔 끓여낸다.

6 완전히 식혀 바닐라빈 줄기를 걸러내고 병입 후 냉장보관한다.

로즈시럽

700ml / 냉장보관 / *30days*
활용메뉴 ≫ 로즈라떼 / 머스켓그린티 / 오렌지블라썸

07
HOMEMADE SYRUP

[재료] 로즈페탈 20g, 히비스커스 5g, 설탕 300g, 레몬즙 50ml, 레몬 슬라이스 5개, 물 400ml

꽃 향이 나는 로즈, 라벤더, 자스민 등의 허브로 만든 시럽을 음료에 활용하면 향과 맛이 모두 올라갑니다. 말린 장미잎인 로즈페탈로 시럽을 만들면 단조로운 음료에 화사한 리듬감을 줄 수 있지요. 주재료를 넘지 않은 선에서 적당량을 사용해야 세련된 맛과 향이 납니다.

1 팬에 물과 설탕을 넣고 가열한다.

2 끓어오르면 로즈페탈과 히비스커스를 넣고 가열을 멈춘다.

3 레몬을 얇게 슬라이스해 준비한다.

4 ②에 레몬즙과 레몬 슬라이스를 넣는다.

5 차갑게 식힌 뒤 체에 거른다.

6 병입 후 냉장보관한다.

초콜릿시럽

700ml / 냉장보관 / *14days*
활용메뉴 ≫ 크림초콜릿커피 / 카카오소이

08
HOMEMADE SYRUP

재료 초콜릿 200g, 카카오파우더 100g, 설탕 200g, 우유 500ml

고체 초콜릿을 녹여 만드는 시럽입니다. 우유와 잘 어울리고 커피와도 좋은 궁합을 이룹니다. 밀크티도 초콜릿시럽으로 당도를 맞추면 더욱 풍부하고 진한 밀크티를 만들 수 있습니다. 지방층이 분리될 수 있으니 식힌 후 반드시 빠른 속도로 10초간 섞어주세요.

1 팬에 우유를 넣고 끓어오르기 전까지 가열한다.

2 불을 줄여 초콜릿을 2번에 나눠 넣으며 한쪽 방향으로 저으며 녹인다.

3 설탕과 카카오파우더를 고루 섞어둔다.

4 ②에 카카오파우더설탕을 넣어 녹인다.

5 불에서 내려 식힌 뒤 완전히 식으면 버터층이 분리되지 않도록 핸드믹서로 10초간 섞는다.

6 병입 후 냉장보관한다.

레몬시럽

700ml / 냉장보관 / *30days*
활용메뉴 ≫ 하프앤하프 / 진저에일 / 오로라아이스 / 레몬딸기빙수

09
HOMEMADE SYRUP

재료 레몬 3개, 백설탕 300, 물 500ml

레몬은 호불호가 없는 과일 중
하나입니다. 가열을 하면 강한
산미가 잡혀 음료용 시럽으로 즐기기
좋습니다. 커피보다는 차나 과일
음료에 잘 어울립니다. 껍질을 함께
가공하는 것이 포인트입니다.

1 레몬은 베이킹소다나 소금으로 문질러 세척해 슬라이스한다.

2 믹서에 ①과 물을 모두 부어 간다.

3 팬에 ②와 설탕을 넣고 가열한다.

4 한소끔 끓어오르면 불에서 내린다.

5 차갑게 식혀 거름망에 거른다.

6 병입 후 냉장보관한다.

생강시럽 *700ml* / 냉장보관 / *300days*
활용메뉴 ≫ 진저에일

재료 다진 생강 200g, 물 600ml, 설탕 300g

생강은 동서양을 막론하고 사랑받고 있는 뿌리채소이자 향신료입니다. 맵고 단 성질을 가지고 있어 시럽으로 만들어두면 사용할 곳이 많아집니다. 우유나 커피에 바로 섞거나 캐러멜이나 마카롱 필링을 만들 때 조금 넣어도 맛이 좋습니다.

1 껍질을 벗겨 잘게 다진 생강을 준비한다.

2 다진 생강에 설탕을 넣고 3일동안 절여둔다.

3 팬에 물을 붓고 끓이다 ②를 넣고 한소끔 더 끓인다.

4 불에서 내려 완전히 식힌다.

5 병입 후 냉장보관한다.

초간단 히든 소스 만들기

수제 과일절임·페이스트·퓨레

과일절임은 과일과 설탕의 비율을 1:1로 만드는 방법입니다. 과일의 수분 함량에
따라 보관기간이 달라지는데, 당 함량이 상대적으로 적은 과일절임은 냉장보관이
필수입니다. 설탕이 다 녹으면 냉동보관하는 것이 좋습니다.

자몽절임

300ml / 냉장보관 / *14days*
활용메뉴 ≫ 자몽커피토닉 / 자스민자몽 / 디톡스아이스티 / 자몽빙수

특유의 쌉쌀한 맛 때문에 자몽이 맛없게 느껴진다면 절임으로 만드세요. 빙수에 올려 토핑으로 사용해도 좋고 아이스음료에 넣어 맛을 더욱 풍부하게 끌어올려도 좋습니다.

재료 자몽 200g, 설탕 100g, 레몬즙 10ml

1 자몽은 겉껍질을 벗긴 뒤 내피까지 제거한다.
2 큰 볼에 자몽 과육과 설탕, 레몬즙을 넣고 버무린다.
3 설탕이 다 녹으면 밀폐용기에 담아 냉장보관한다.

베리절임

300ml / 냉장보관 / *14days*
활용메뉴 ≫ 윈터핫펀치 / 베리플라워

탄산음료나 우유에 섞거나 빙수 토핑 등 차가운 음료에 잘 어울립니다. 히비스커스를 사용한 아이스티를 만들 때 한 스푼 넣어주면 유니크한 색감과 맛이 생깁니다.

재료 냉동 믹스베리 200g, 설탕 120g, 레몬즙 20ml

1 큰 볼에 냉동 믹스베리와 설탕, 레몬즙을 넣고 섞는다.
2 베리가 해동되면서 설탕이 녹는데 가끔 아래위로 섞는다.
3 설탕이 다 녹으면 밀폐용기에 담아 냉장보관한다.

망고퓨레

250ml / 냉장보관 / 7days
활용메뉴 ≫ 망고우유

퓨레는 천연과일과 가까운 맛으로
베이킹이나 음료에 많이 사용됩니다.
덩어리가 있는 것보다 갈아 만드는
것이 음료에 섞기에 좋습니다.

[재료] 냉동 큐브망고 200g, 설탕 60g

1 큰 볼에 냉동 큐브망고와 설탕을 넣고 자연스럽게 녹여준다.

2 설탕이 다 녹으면 매셔를 이용해 망고를 모두 으깬다.
    믹서로 갈아도 된다.

3 밀폐용기에 담아 냉장보관한다. 일주일 이상은
    냉동보관한다.

단호박페이스트

300ml / 냉장보관 / 14days
활용메뉴 ≫ 펌킨라떼

으스스 한기가 느껴지는 날,
단호박페이스트 1큰술을 우유에
섞어 따뜻하게 마십니다. 달콤한
맛의 단호박페이스트는 음료는 물론
디저트에도 활용하기 좋지요.

[재료] 단호박 200g, 설탕 100g, 물 50ml

1 단호박은 삶아 식힌 뒤 깍둑썬다.

2 믹서에 ①과 설탕, 물을 넣고 곱게 간다.

3 냄비에 ②를 넣고 가열해 한소끔 끓인다.

4 불을 끄고 식혀 밀폐용기에 담아 냉장보관한다.

사과절임

300ml / 냉장보관 / 30days

사과절임은 그 자체로 핫티로 즐겨도
좋은 아이템입니다. 당도가 높지
않은 사과는 절임으로 만들어 언제고
달콤하게 즐기세요. 아오리 외 모든
사과로 만들 수 있습니다.

재료 사과 200g, 설탕 120g, 시나몬파우더 · 소금 1g씩

1 사과를 반 갈라 씨를 제거하고 4등분해 1~2mm로 얇게
슬라이스한다.

2 큰 볼에 설탕, 시나몬파우더, 소금을 잘 섞은 뒤 ①을 넣고
버무린다.

3 설탕이 다 녹으면 밀폐용기에 담아 냉장보관한다.

패션프루트절임

300ml / 냉장보관 / 30days
활용메뉴 ≫ 코코넛패션프루트

새콤달콤하면서도 향기로워
아이스티나 과일음료에 넣으면
볼륨감 있는 음료가 완성됩니다.
다른 과일보다 산도가 높아 기존
레시피보다 20%정도 설탕의 양을
늘려야 달콤합니다.

재료 냉동 패션프루트 200g, 설탕 150g

1 냉동 패션프루트를 해동해 반 잘라 알맹이를 분리한다.

2 볼에 ①과 설탕을 넣고 섞는다.

3 설탕이 다 녹으면 밀폐용기에 담아 냉장보관한다.

카페
페
세상의 커피·음료
그리고 디저트
Signature
메
뉴
101

2024년 1월 17일 6쇄 발행

메뉴	신송이
펴낸이	문영애
사진	박종혁(histudio)
디자인	8ightball Studio
푸드스타일링	김지현(어시스트 이혜원, 최승하)
그릇 협찬	윤현상재, dnb
장소 협찬	스튜디오 헤롯
인쇄/출력	도담프린팅

펴낸곳	수작걸다
주소	경기 용인시 수지구 동천로64
전화	02-2066-7044
이메일	suzakbook@naver.com
블로그	blog.naver.com/suzakbook
인스타그램	@suzakbook

ISBN 978-89-6993-025-5 14590